Matemáticas diarias

The University of Chicago School Mathematics Project

DIARIO DEL ESTUDIANTE
VOLUMEN 1

The University of Chicago School Mathematics Project

Max Bell, Director, *Everyday Mathematics* First Edition; James McBride, Director, *Everyday Mathematics* Second Edition; Andy Isaacs, Director, *Everyday Mathematics* Third, CCSS, and Fourth Editions; Amy Dillard, Associate Director, *Everyday Mathematics* Third Edition; Rachel Malpass McCall, Associate Director, *Everyday Mathematics* CCSS and Fourth Editions; Mary Ellen Dairyko, Associate Director, *Everyday Mathematics* Fourth Edition

Authors
Jean Bell, Max Bell, John Bretzlauf, Mary Ellen Dairyko, Amy Dillard, Robert Hartfield, Andy Isaacs, Kathleen Pitvorec, James McBride, Peter Saecker

Fourth Edition Grade 3 Team Leader
Mary Ellen Dairyko

Writers
Lisa J. Bernstein, Camille Bourisaw, Julie Jacobi, Gina Garza-Kling, Cheryl G. Moran, Amanda Louise Ruch, Dolores Strom

Open Response Team
Catherine R. Kelso, Leader; Amanda Louise Ruch, Andy Carter

Differentiation Team
Ava Belisle-Chatterjee, Leader; Martin Gartzman, Barbara Molina, Anne Sommers

Digital Development Team
Carla Agard-Strickland, Leader; John Benson, Gregory Berns-Leone, Juan Camilo Acevedo

Virtual Learning Community
Meg Schleppenbach Bates, Cheryl G. Moran, Margaret Sharkey

Technical Art
Diana Barrie, Senior Artist; Cherry Inthalangsy

UCSMP Editorial
Lila K. S. Goldstein, Senior Editor; Kristen Pasmore, Molly Potnick, Rachel Jacobs

Field Test Coordination
Denise A. Porter

Field Test Teachers
Eric Bachmann, Lisa Bernstein, Rosemary Brockman, Nina Fontana, Erin Gilmore, Monica Geurin, Meaghan Gorzenski, Deena Heller, Lori Howell, Amy Jacobs, Beth Langlois, Sarah Nowak, Lisa Ringgold, Andrea Simari, Renee Simon, Lisa Winters, Kristi Zondervan

Digital Field Test Teachers
Colleen Girard, Michelle Kutanovski, Gina Cipriani, Retonyar Ringold, Catherine Rollings, Julia Schacht, Christine Molina-Rebecca, Monica Diaz de Leon, Tiffany Barnes, Andrea Bonanno-Lersch, Debra Fields, Kellie Johnson, Elyse D'Andrea, Katie Fielden, Jamie Henry, Jill Parisi, Lauren Wolkhamer, Kenecia Moore, Julie Spaite, Sue White, Damaris Miles, Kelly Fitzgerald

Contributors
John Benson, Jeanne Mills DiDomenico, James Flanders, Lila K. S. Goldstein, Funda Gonulates, Allison M. Greer, Catherine R. Kelso, Lorraine Males, Carole Skalinder, John P. Smith III, Stephanie Whitney, Penny Williams, Judith S. Zawojewski

Center for Elementary Mathematics and Science Education Administration
Martin Gartzman, Executive Director; Meri B. Fohran, Jose J. Fragoso, Jr., Regina Littleton, Laurie K. Thrasher

External Reviewers
The *Everyday Mathematics* authors gratefully acknowledge the work of the many scholars and teachers who reviewed plans for this edition. All decisions regarding the content and pedagogy of *Everyday Mathematics* were made by the authors and do not necessarily reflect the views of those listed below.

Elizabeth Babcock, California Academy of Sciences; Arthur J. Baroody, University of Illinois at Urbana-Champaign and University of Denver; Dawn Berk, University of Delaware; Diane J. Briars, Pittsburgh, Pennsylvania; Kathryn B. Chval, University of Missouri-Columbia; Kathleen Cramer, University of Minnesota; Ethan Danahy, Tufts University; Tom de Boor, Grunwald Associates; Louis V. DiBello, University of Illinois at Chicago; Corey Drake, Michigan State University; David Foster, Silicon Valley Mathematics Initiative; Funda Gönülateş, Michigan State University; M. Kathleen Heid, Pennsylvania State University; Natalie Jakucyn, Glenbrook South High School, Glenview, IL; Richard G. Kron, University of Chicago; Richard Lehrer, Vanderbilt University; Susan C. Levine, University of Chicago; Lorraine M. Males, University of Nebraska-Lincoln; Dr. George Mehler, Temple University and Central Bucks School District, Pennsylvania; Kenny Huy Nguyen, North Carolina State University; Mark Oreglia, University of Chicago; Sandra Overcash, Virginia Beach City Public Schools, Virginia; Raedy M. Ping, University of Chicago; Kevin L. Polk, Aveniros LLC; Sarah R. Powell, University of Texas at Austin; Janine T. Remillard, University of Pennsylvania; John P. Smith III, Michigan State University; Mary Kay Stein, University of Pittsburgh; Dale Truding, Arlington Heights District 25, Arlington Heights, Illinois; Judith S. Zawojewski, Illinois Institute of Technology

Note
Many people have contributed to the creation of *Everyday Mathematics*. Visit http://everydaymath.uchicago.edu/authors/ for biographical sketches of *Everyday Mathematics* 4 staff and copyright pages from earlier editions.

www.everydaymath.com

Copyright © McGraw-Hill Education

All rights reserved. No part of this publication may be reproduced or distributed in any form or by any means, or stored in a database or retrieval system, without the prior written consent of McGraw-Hill Education, including, but not limited to, network storage or transmission, or broadcast for distance learning.

Send all inquiries to:
McGraw-Hill Education
8787 Orion Place
Columbus, OH 43240

ISBN: 978-0-02-136388-9

MHID: 0-02-136388-9

Printed in the United States of America.

2 3 4 5 6 7 8 9 LMN 25 24 23 22

Contenidos

Unidad 1

Bienvenidos a *Matemáticas diarias de tercer grado*	1
Hallar diferencias en una cuadrícula de números	3
Buscar información	4
Usar herramientas matemáticas	5
Redondear números	6
Decir la hora	7
Leer la hora al minuto más cercano	8
Cajas matemáticas 1-5	9
¿Cuánto dura la clase de matemáticas?	10
Cajas matemáticas 1-6	11
Mostrar datos	12
Cajas matemáticas 1-7	14
Compartir estrategias para grupos iguales	15
Escribir historias de multiplicación	16
Cajas matemáticas 1-8	17
Partes iguales y grupos iguales	18
Historias de división	19
Cajas matemáticas 1-9	20
Totales de *dimes* y *nickels*	21
Cajas matemáticas 1-10	22
Datos de la salida y la puesta del Sol	23
Cajas matemáticas 1-11: Avance de la Unidad 2	24
Balanza de platillos y registro de la masa	25
Partes iguales en un desayuno con panqueques	26
Cajas matemáticas 1-12	27
Búsqueda de mediciones	28
Historias de masa	29
Cajas matemáticas 1-13	30
Cajas matemáticas 1-14: Avance de la Unidad 2	31

Unidad 2

Usar operaciones básicas para resolver operaciones extendidas	32
Hallar el tiempo transcurrido	33
Cajas matemáticas 2-1	34
Historias de números	35

Cajas matemáticas 2-2 37
Más historias de números 38
Cajas matemáticas 2-3 40
Historias de números de varios pasos, Parte 1 41
Redondear números 42
Cajas matemáticas 2-4 43
Más historias de números 44
Cajas matemáticas 2-5 45
Historias de grupos iguales 46
Cajas matemáticas 2-6 47
Representar historias de números con matrices . . . 48
Cajas matemáticas 2-7 49
Repartir *pennies* 50
Cajas matemáticas 2-8 51
Historias de partes iguales 52
Cajas matemáticas 2-9: Avance de la Unidad 3 53
Explorar patrones pares e impares con matrices . . . 54
Más historias de números de varios pasos 55
Cajas matemáticas 2-10 56
Marcos y flechas 57
Más historias de números 58
Cajas matemáticas 2-11 59
Exploración A: Círculos de fracciones 60
Exploración B: Área de medición 61
Exploración C: Comparar volúmenes líquidos 62
Cajas matemáticas 2-12 63
Cajas matemáticas 2-13: Avance de la Unidad 3 . . . 64

Unidad 3

"¿Cuál es mi regla?" 65
Cajas matemáticas 3-1 66
Estrategias de estimación 67
Cajas matemáticas 3-2 68
Operaciones de sumas parciales 69
Cajas matemáticas 3-3 70
Suma en columnas 71
Cajas matemáticas 3-4 72
Restar contando hacia adelante 73
Cajas matemáticas 3-5 74

Resta de expansión e intercambio 75
Comparar datos en una gráfica de barras 76
Cajas matemáticas 3-6 77
Escala para un conjunto de datos 78
Exploración A: Gráfica de barras de agrupación de bloques geométricos . 79
Cajas matemáticas 3-7 80
Crear una gráfica ilustrada a escala 81
Dibujar una gráfica ilustrada a escala 82
Cajas matemáticas 3-8 83
Entender las historias de números 84
Explorar matrices con factores iguales 86
Cajas matemáticas 3-9 87
Una regla de multiplicación 88
Cajas matemáticas 3-10 89
Sumar un grupo 90
Cajas matemáticas 3-11: Avance de la Unidad 4 92
Restar un grupo 93
Cajas matemáticas 3-12 95
Cajas de coleccionar nombres 96
Cajas matemáticas 3-13 97
Cajas matemáticas 3-14: Avance de la Unidad 4 98

Unidad 4

Medir segmentos de recta 99
Reglas inusuales 100
Historias de números con longitud 101
Cajas matemáticas 4-1 102
Datos sobre el talle de zapatos 103
Talles de zapatos de cuarto grado 104
Crear una gráfica ilustrada 105
Cajas matemáticas 4-2 106
Medir la longitud del contorno de un objeto 107
Comparar pesas 108
Cajas matemáticas 4-3 109
¿Cuál no pertenece? 110
Cajas matemáticas 4-4 111
Relaciones entre cuadriláteros 112
Cajas matemáticas 4-5 113
Medir el perímetro de polígonos 114

Historias de perímetros 115
Cajas matemáticas 4-6 116
Comparar el perímetro y el área 117
Cajas matemáticas 4-7 118
Áreas de rectángulos 119
Medidas del cuerpo 121
Cajas matemáticas 4-8 122
Cajas de coleccionar nombres 123
Áreas de rectángulos 124
Cajas matemáticas 4-9: Avance de la Unidad 5 126
Área y perímetro 127
Cajas matemáticas 4-10 128
Dibujar corrales de perros 129
Cajas matemáticas 4-11 130
Hallar las áreas de corrales 131
Cajas matemáticas 4-12 132
Cajas matemáticas 4-13: Avance de la Unidad 5 133

Registros de estrategias para las operaciones de multiplicación

Mi registro de estrategias para las operaciones de multiplicación 1 . . . 135
Mi registro de estrategias para las operaciones de multiplicación 2 . . . 136
Mi registro de estrategias para las operaciones de multiplicación 3 . . . 137
Mi registro de estrategias para las operaciones de multiplicación 4 . . . 138
Mi registro de estrategias para las operaciones de multiplicación 5 . . . 139
Mi registro de estrategias para las operaciones de multiplicación 6 . . . 140

Inventario de operaciones

Mi inventario de operaciones de multiplicación, Parte 1 141
Mi inventario de operaciones de multiplicación, Parte 2 142

Hojas de actividades

Triángulos de operaciones de ×, ÷ 1: 2, 5 y 10 . . . . Hoja de actividades 1
Triángulos de operaciones de ×, ÷ 2: 2, 5 y 10 . . . . Hoja de actividades 2
Triángulos de operaciones de ×, ÷ 3: 2, 5 y 10 . . . . Hoja de actividades 3
Triángulos de operaciones de +, − . . . . Hoja de actividades 4
Triángulos de operaciones de +, − . . . . Hoja de actividades 5
Círculos de fracciones . . . . Hoja de actividades 6
Círculos de fracciones . . . . Hoja de actividades 7
Círculos de fracciones . . . . Hoja de actividades 8
Triángulos de operaciones de ×, ÷ :
Multiplicación al cuadrado . . . . Hoja de actividades 9
Triángulos de operaciones de ×, ÷ : 3 y 9 . . . . . Hoja de actividades 10
Recortes de cuadriláteros 1 . . . . Hoja de actividades 11
Recortes de cuadriláteros 2 . . . . Hoja de actividades 12
Pila de acción del *Juego de áreas y perímetros* . . . Hoja de actividades 13
Mazo A del *Juego de áreas y perímetros* . . . . . . Hoja de actividades 14
Mazo B del *Juego de áreas y perímetros* . . . . . . Hoja de actividades 15

Bienvenidos a *Matemáticas diarias de tercer grado*

Lección 1-1

FECHA   HORA

Queridos estudiantes:

¡Bienvenidos a *Matemáticas diarias de tercer grado*! Este año usarán lo que aprendieron en otros grados para hacer más cálculos y serán incluso más diestros en la resolución de problemas.

Estas son algunas de las actividades que harán en *Matemáticas diarias de tercer grado*:

- Sumar y restar números grandes.
- Estimar y redondear números.
- Aprender operaciones de multiplicación y división.
- Resolver historias de números.
- Medir la longitud, el tiempo, la masa y el volumen líquido.
- Recolectar, organizar y representar datos.
- Representar y comparar fracciones.
- Decir la hora al minuto más cercano y resolver problemas sobre la hora.
- Reconocer y medir figuras.

Al resolver problemas e historias de números:

- Comprenderán problemas y sus soluciones.
- Trabajarán con sus compañeros para resolver problemas.
- Explicarán su razonamiento a sus compañeros.
- Escucharán a sus compañeros explicarles su razonamiento.
- Seguirán intentando incluso cuando los problemas sean difíciles.
- Pensarán más de una manera de resolver los problemas.
- Usarán herramientas matemáticas como ayuda para resolver problemas.
- Buscarán y explicarán patrones.
- Crearán reglas y atajos como ayuda para resolver problemas.
- Aprenderán a usar su *Libro de consulta del estudiante* y otros recursos.

Las matemáticas están a todo su alrededor. Nosotros queremos que sean mejores en matemáticas para que puedan comprender mejor su mundo.

Atentamente,

Los autores de tercer grado.

Hallar diferencias en una cuadrícula de números

Lección 1-1

FECHA   HORA

									0
1	2	3	4	5	6	7	8	9	10
11	12	13	14	15	16	17	18	19	20
21	22	23	24	25	26	27	28	29	30
31	32	33	34	35	36	37	38	39	40
41	42	43	44	45	46	47	48	49	50
51	52	53	54	55	56	57	58	59	60
61	62	63	64	65	66	67	68	69	70
71	72	73	74	75	76	77	78	79	80
81	82	83	84	85	86	87	88	89	90
91	92	93	94	95	96	97	98	99	100
101	102	103	104	105	106	107	108	109	110
111	112	113	114	115	116	117	118	119	120

Usa la cuadrícula de números como ayuda para resolver estos problemas.

1. ¿Cuál es menor, el 83 o el 73? _____   ¿Cuánto menor? _____
2. ¿Cuál es menor, el 13 o el 34? _____   ¿Cuánto menor? _____
3. ¿Cuál es mayor, el 90 o el 55? _____   ¿Cuánto mayor? _____
4. ¿Cuál es mayor, el 44 o el 52? _____   ¿Cuánto mayor? _____

Halla la **diferencia** entre cada par de números.

5. 71 y 92 _____
6. 26 y 46 _____
7. 30 y 62 _____
8. 48 y 84 _____
9. 43 y 60 _____
10. 88 y 110 _____

tres 3

Buscar información

Lección 1-2
FECHA   HORA

Trabaja en pareja. Usa el *Libro de consulta del estudiante* en los Problemas 2 y 3.

1 Escribe el nombre de tu compañero o compañera. _____

Escribe el apellido de tu compañero o compañera. _____

2 **a.** Busca y lee el ensayo "Cuadrículas de números".

Describe lo que hiciste para encontrar el ensayo.

_____

_____

_____

b. Haz los Problemas 1 y 2 en la página 92 de Verifica tu comprensión.

Verifica tus respuestas en la Clave de respuestas.

Problema 1a: _____   Problema 1b: _____   Problema 1c: _____

Problema 2:

a.
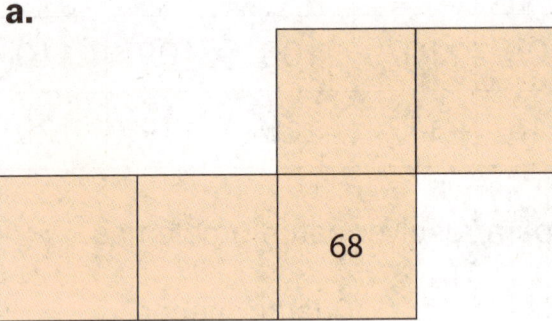

b.
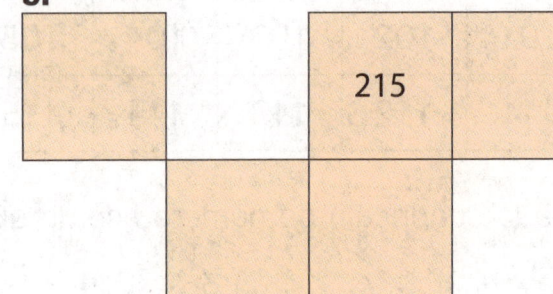

c.
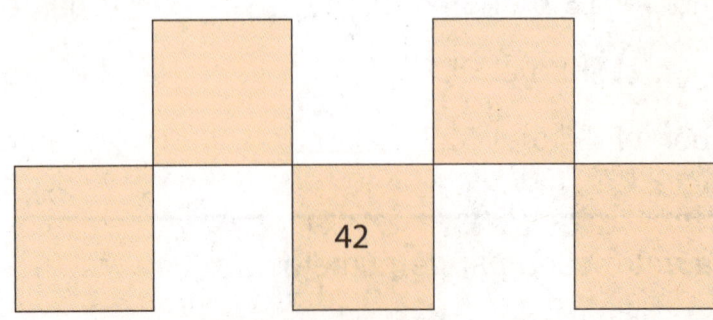

3 Busca y lee las reglas de *Resta con la cuadrícula de números*.

¿En qué página encontraste las reglas? _____

4 cuatro

Usar instrumentos matemáticos

Lección 1-3
FECHA   HORA

Anota la hora que muestran los relojes en los Problemas 1 y 2. Dibuja la manecilla de la hora y el minutero para mostrar la hora en el Problema 3.

1

_____

2

_____

3

6:10

4 Usa la regla para medir el segmento de recta.

Este segmento de recta mide alrededor de _____ pulgadas de largo.

5 Traza un segmento de recta de 10 centímetros de largo.

Usa la calculadora. ¿Qué teclas pulsaste para hacer cada cambio?

6 Marca 50. Cambia a 107.

_____

7 Marca 94. Cambia a 30.

_____

8 Usa tu Plantilla de bloques geométricos. Traza dos polígonos que tengan exactamente 4 lados.

¿Cómo se llaman los polígonos que tienen 4 lados? (Si necesitas ayuda, usa el *Libro de consulta del estudiante*). _____

Redondear números

Lección 1-4
FECHA   HORA

Ejemplo: ¿Cuánto es 83 redondeado a **la decena más cercana**? __80__

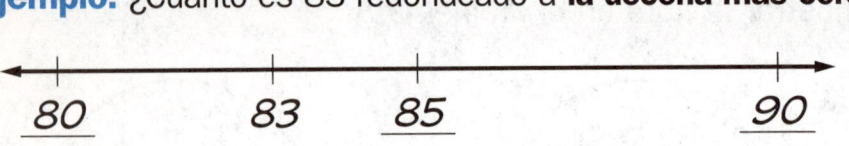

¿Qué dos múltiplos de 10 están más cerca de 83?

Redondea cada número. Muestra tu trabajo en una recta numérica abierta.

① ¿Cuánto es 47 redondeado a **la decena más cercana**? _____

② ¿Cuánto es 72 redondeado a **la decena más cercana**? _____

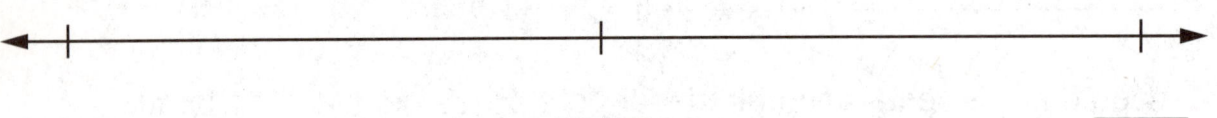

③ ¿Cuánto es 234 redondeado a **la centena más cercana**? _____

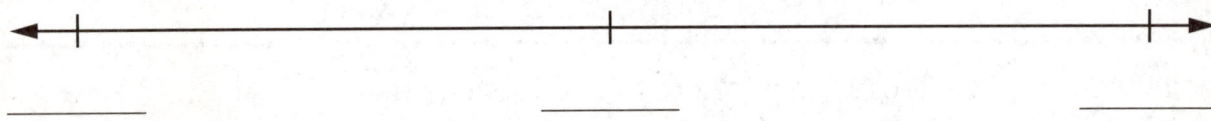

Inténtalo

Redondea cada número. Puedes dibujar rectas numéricas como ayuda.

④
Número	Redondeado a la decena más cercana
43	_____
97	_____
453	_____

⑤
Número	Redondeado a la centena más cercana
348	_____
89	_____
297	_____

Decir la hora

Lección 1-5
FECHA   HORA

Mensaje matemático

Encierra en un círculo el reloj que muestra la hora.

1. ¿Qué reloj muestra la 1:30?

a   b

2. ¿Qué reloj muestra las 2:45?

c   d

3. ¿Qué reloj muestra las 4:55?

e   f

siete   7

Leer la hora al minuto más cercano

Lección 1-5

FECHA HORA

Escribe la hora que muestra cada reloj.

1

_____

2

_____

3

_____

4

_____

5

_____

6

_____

8 ocho

Cajas matemáticas

Lección 1-5
FECHA   HORA

1 Escribe los números que son 10 más y 10 menos.

10 menos		10 más
_____	38	_____
_____	245	_____
_____	367	_____
_____	819	_____

LCE 89, 98

2 Usa la calculadora.

Marca	Cambia a	¿Cómo?
31	41	_____
58	38	_____
146	106	_____
405	455	_____

LCE 293

3 Completa la caja de las unidades. Suma.

Unidad

3 + 7 = _____

12 = 5 + _____

```
    9            
  + ☐        +  8
  ----        ----
  1 2         1 7
```

LCE 108

4 ¿Qué hora muestra el reloj?

_____

LCE 186

5 **Escritura/Razonamiento** Explica cómo hallaste los números que eran 10 más y 10 menos en el Problema 1.

LCE 89, 98

nueve 9

¿Cuánto dura la clase de matemáticas?

Lección 1-6

FECHA　　HORA

Mensaje matemático

La clase de matemáticas de Sheena empezó a las 9:55 a. m. y terminó a las 11:10 a. m. Ella empezó a calcular cuánto duró la clase. Usó una recta numérica.

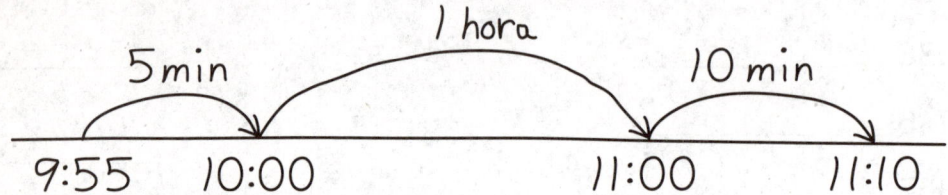

Usa la recta numérica de Sheena para completar el problema. Di el tiempo en horas y minutos.

La clase de matemáticas duró _____ hora y _____ minutos.

Explica la estrategia de Sheena a tu compañero o compañera.

Cajas matemáticas

Lección 1-6

FECHA   HORA

① Escribe el número que está a mitad de camino entre el 30 y el 40 en la recta numérica.

Luego escribe el 37 en el lugar de la recta numérica que corresponde.

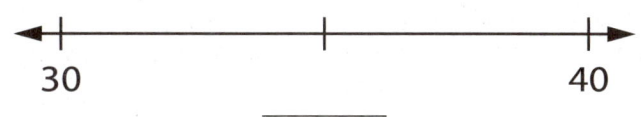

37 redondeado a la decena más cercana es _____.

② Puedes trazar rectas numéricas abiertas como ayuda.

34 redondeado a la decena más cercana es _____.

29 redondeado a la decena más cercana es _____.

③ Usa tu Plantilla de bloques geométricos. Traza un polígono con 4 lados iguales.

¿Qué figura dibujaste?

_____

④ Halla la diferencia entre cada par de números. Puedes usar la cuadrícula de números.

52 y 75 _____

20 y 84 _____

27 y 60 _____

⑤ Dibuja la manecilla de la hora y el minutero para mostrar las 8:45.

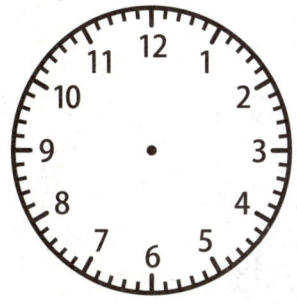

⑥ Escribe el número que es 10 más.

59 _____

160 _____

120 _____

92 _____

901 _____

once 11

Mostrar datos

Lección 1-7
FECHA   HORA

1. ¿Cuántos apellidos hay? _____

2. Usa los datos que reuniste para hacer una tabla de conteo de los apellidos que hay en tu clase. Agrega filas según sea necesario.

Apellidos	
Cantidad de letras	Cantidad de estudiantes

3. Mira los datos en tu tabla de conteo. Escribe al menos tres cosas que hayas descubierto al observar los datos.

_____

_____

_____

Mostrar datos (continuación)

Lección 1-7

FECHA   HORA

④ Haz una gráfica de barras para tu conjunto de datos.

Título: _____

trece   13

Cajas matemáticas

Lección 1-7
FECHA   HORA

1 Escribe los números que son 10 más y 10 menos.

10 menos		10 más
_____	49	_____
_____	356	_____
_____	409	_____
_____	798	_____

LCE 89, 98

2 Usa la calculadora.

Marca	Cambia a	¿Cómo?
29	49	_____
84	44	_____
188	208	_____
403	603	_____

LCE 293

3 Suma.

$16 = \underline{} + 8$

$6 + 7 = \underline{}$

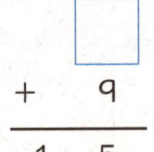

Unidad

LCE 108

4 ¿Qué hora muestra el reloj?

_____ : _____

LCE 186

5 **Escritura/Razonamiento** ¿Qué hora será 3 horas después de la hora del Problema 4? _____

Explica cómo resolviste el problema.

LCE 18-19

14 catorce

Compartir estrategias para grupos iguales

Lección 1-8

FECHA   HORA

Mensaje matemático

Resuelve. Incluye dibujos para mostrar tu razonamiento.

Ellie compró 3 paquetes de calcomanías. Cada paquete tiene 6 calcomanías. ¿Cuántas calcomanías compró Ellie en total?

_____ calcomanías   Modelo numérico: _____

---

1 Resuelve. Incluye dibujos para mostrar tu razonamiento.

Max guarda sus pelotas de béisbol en una caja rectangular. En la caja entran 4 filas de 5 pelotas cada una. ¿Cuántas pelotas puede guardar Max en su caja?

_____ pelotas   Modelo numérico: _____

2 Haz dibujos para mostrar soluciones y escribe modelos numéricos para otras historias de números.

Historia sobre: Historia sobre:

_____   _____

Modelo numérico: Modelo numérico:

_____   _____

quince 15

Escribir historias de multiplicación

Lección 1-8

FECHA   HORA

Elige una oración numérica del banco. Cuenta una historia de números que corresponda a tu oración numérica.

Banco de oraciones numéricas		
$3 \times 4 = 12$	$2 \times 5 = 10$	$4 \times 2 = 8$
$5 \times 3 = 15$	$3 \times 6 = 18$	$4 \times 4 = 16$

Mi oración numérica: _____

Escribe una historia de números que corresponda a tu oración numérica. Haz un dibujo de tu historia.

Cajas matemáticas

Lección 1-8
FECHA   HORA

1. Escribe el número que está a mitad de camino entre el 50 y el 60 en la recta numérica.

Luego escribe el 52 en el lugar de la recta numérica que corresponde.

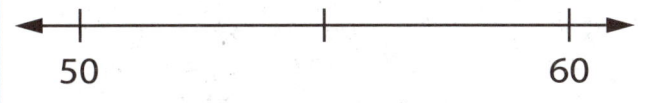

¿Cuánto es 52 redondeado a la decena más cercana? _____

LCE 104

2. Puedes dibujar rectas numéricas abiertas como ayuda.

286 redondeado a la centena más cercana es _____.

593 redondeado a la centena más cercana es _____.

LCE 104

3. Usa tu Plantilla de bloques geométricos. Traza un polígono con 4 lados que no tengan la misma longitud.

¿Qué figura dibujaste?

LCE 105 _____

4. Halla la diferencia entre cada par de números. Puedes usar la cuadrícula de números.

41 y 79 _____

30 y 96 _____

18 y 80 _____

LCE 91

5. Anota la hora.

_____

LCE 186

6. Escribe los números que son 10 menos y 10 más.

10 menos		10 más
_____	133	_____
_____	155	_____
_____	230	_____
_____	507	_____
_____	702	_____

LCE 89, 98

diecisiete 17

Partes iguales y grupos iguales

Lección 1-9

FECHA   HORA

Mensaje matemático

Resuelve. Dibuja para mostrar tu razonamiento.

La señora Smith tiene 20 tijeras y las coloca sobre 5 mesas. ¿Cuántas puede colocar sobre cada mesa?

Respuesta: _____ tijeras

1. Tomás está preparando refrigerios para su equipo. Tiene 15 fresas y pone 3 en la bolsa de cada jugador. ¿Cuántos jugadores hay en el equipo?

   Respuesta: _____ jugadores

2. Escucha cada historia. Muestra tu trabajo con dibujos.

   Historia sobre _____   Historia sobre _____

   Respuesta: _____   Respuesta: _____
              (unidad)   (unidad)

Historias de división

Lección 1-9
FECHA   HORA

Haz dibujos para ayudarte a resolver cada problema.
Anota tu respuesta.
Espera la indicación de tu maestro para escribir los modelos numéricos.

1. Kate quiere repartir 12 cubos conectables en partes iguales entre 3 amigas. ¿Cuántos cubos recibirá cada amiga?

   Respuesta: _____ cubos conectables

   Modelo numérico: _____

2. La señora Early forma conjuntos de cubos para repartir. Tiene 25 cubos en total y los pone en conjuntos de 5 cubos cada uno. ¿Cuántos conjuntos puede formar?

   Respuesta: _____ conjuntos

   Modelo numérico: _____

Inténtalo

3. Manny quiere calcular la cantidad de caballos que hay en un gran establo. Solo puede ver las patas de los caballos. Cuenta 28. ¿Cuántos caballos hay?

   Respuesta: _____ caballos

   Modelo numérico: _____

diecinueve 19

Cajas matemáticas

Lección 1-9

FECHA   HORA

①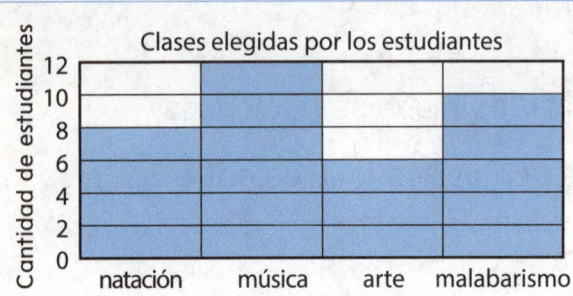

¿Los estudiantes eligieron más música o natación? _____

¿Cuántos estudiantes más eligieron música que arte?

_____

② Cindy sale de su casa a las 9:00 a. m. y llega a la casa de su abuela a las 11:00 a. m. ¿Cuánto tarda en llegar a la casa de su abuela? Usa tu reloj de la caja de herramientas o dibuja una recta numérica abierta como ayuda.

_____
(unidades)

③ Estima la longitud de este segmento de recta a la pulgada más cercana.

_____

Alrededor de _____

Usa una herramienta para comprobar la longitud estimada.

④ Completa la unidad. Resuelve.

Unidad

$9 = \_\_\_\_ - 6$

$16 - 8 = \_\_\_\_$

$\_\_\_\_ = 11 - 4$

$12 - \_\_\_\_ = 5$

$9 = \_\_\_\_ - 9$

⑤ **Escritura/Razonamiento** Explica qué herramienta usaste y cómo la usaste para comprobar la longitud estimada en el Problema 3.

_____

_____

_____

_____

20   veinte

Totales de *dimes* y *nickels*

Lección 1-10
FECHA   HORA

① Completa la tabla.

Cantidad de *dimes*	Dibujo	Modelo numérico de multiplicación
2 *dimes*	10¢ 10¢	2 × 10 ¢ = 20 ¢
4 *dimes*		
5 *dimes*		
10 *dimes*		

② Completa la tabla.

Cantidad de *nickels*	Dibujo	Modelo numérico de multiplicación
2 *nickels*	5¢ 5¢	2 × 5 ¢ = 10 ¢
4 *nickels*		
5 *nickels*		
10 *nickels*		

veintiuno 21

Cajas matemáticas

Lección 1-10
FECHA   HORA

1

Hay _____ zapatos en total.

Escribe un modelo numérico.

_____

LCE 38

2 ¿Qué hora es?

Rellena el círculo que está junto a la respuesta correcta.

Ⓐ 6:45   Ⓑ 9:33

Ⓒ 10:35   Ⓓ 8:30

LCE 186

3 Suma o resta con la calculadora para completar estos problemas.

Marca	Cambia a	¿Cómo?
163	193	_____
603	803	_____
345	305	_____
341	41	_____

LCE 293

4 Escribe los números que son 100 menos y 100 más.

100 menos   100 más

_____ 413 _____

_____ 502 _____

_____ 732 _____

_____ 891 _____

LCE 98

5 Escribe el número que está a mitad de camino entre el 60 y el 70 en la recta numérica. Luego escribe el 66 donde corresponda.

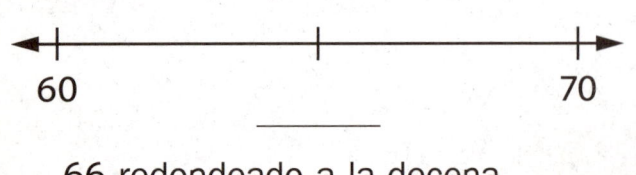

66 redondeado a la decena más cercana es _____ .

LCE 104

6 Josh llegó a la práctica de fútbol a las 3:10 p. m. Se fue a las 3:55 p. m. ¿Cuánto tiempo estuvo en la práctica?

_____
(unidad)

LCE 18-19

22 veintidós

Datos de la salida y la puesta del sol

Lección 1-11
FECHA   HORA

Fecha	Salida del sol	Puesta del sol	Duración del día
			h. min.
			h. min.
			h. min.
			h. min.
			h. min.
			h. min.
			h. min.
			h. min.
			h. min.
			h. min.
			h. min.
			h. min.
			h. min.
			h. min.
			h. min.
			h. min.
			h. min.
			h. min.
			h. min.
			h. min.
			h. min.
			h. min.
			h. min.
			h. min.

Cajas matemáticas
Anticipo de la Unidad 2

Lección 1-11

FECHA   HORA

① Completa la unidad. Resuelve.

Unidad

10 − 2 = ___

20 − 12 = ___

```
  1 7          2 7
−   9        − 1 9
```

② En la biblioteca hay 33 lápices rojos y 40 azules. ¿Cuántos lápices hay en total? Puedes hacer un diagrama.

Respuesta: _____ lápices

Modelo numérico:

_____

③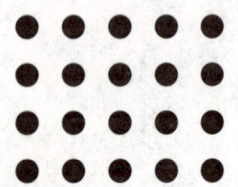

¿Cuántos puntos hay en total?

_____

Escribe una oración de multiplicación para la matriz.

_____

④ Tina tiene 15 *pennies* que quiere poner en 3 grupos. Haz un dibujo para mostrar cuántos *pennies* hay en cada grupo.

Hay _____ *pennies* en cada grupo.

⑤ **Escritura/Razonamiento** Tina escribió este modelo numérico en el Problema 4: 15 ÷ 3 = 5. ¿Estás de acuerdo con Tina? Explica.

Balanza de platillos y registro de la masa

Lección 1-12

FECHA   HORA

Sigue las instrucciones de la Tarjeta de actividades 15.

Registra tu trabajo a continuación.

1.

2.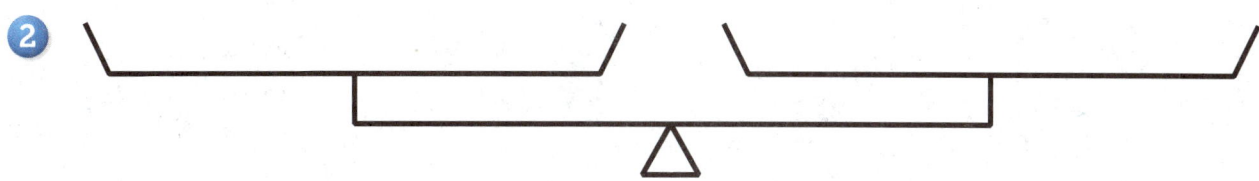

3.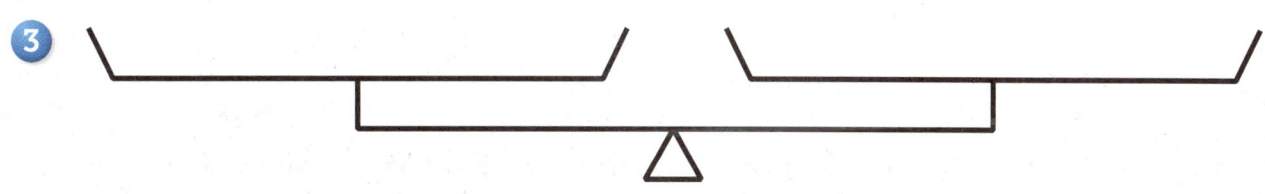

4.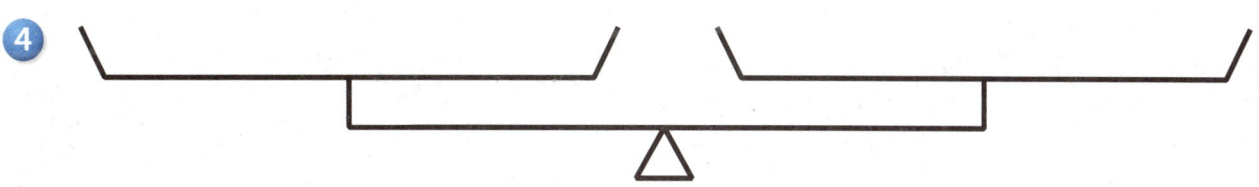

5.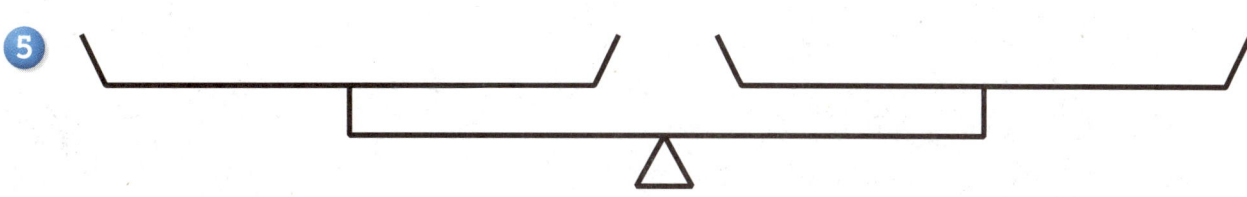

Partes iguales en un desayuno con panqueques

Lección 1-12

FECHA　　HORA

Sigue las instrucciones de la Tarjeta de actividades 16.

1. Reparte 3 panqueques en partes iguales entre 6 personas. Haz un dibujo para mostrar la parte de los 3 panqueques que recibe cada persona. Escribe tu respuesta junto al dibujo.

2. Reparte 3 panqueques entre 4 personas. ¿Qué parte de los 3 panqueques recibe cada persona? Haz un dibujo para mostrar cómo los repartiste. Escribe tu respuesta junto al dibujo.

Cajas matemáticas

Lección 1-12
FECHA   HORA

1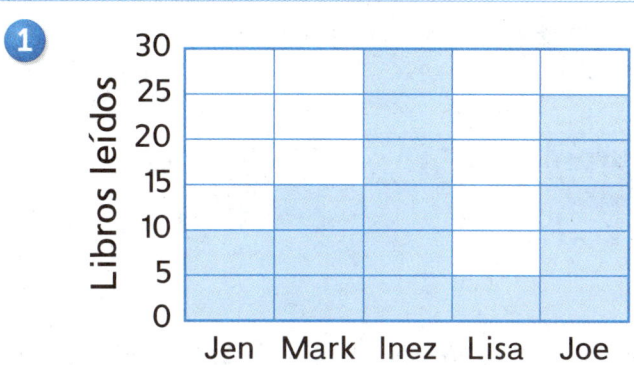

a. ¿Cuántos libros leyeron Jen y Mark juntos?

_____ libros

b. ¿Cuántos libros más que Lisa leyó Joe?

_____ libros

2 Jacob fue a la casa de su amigo a las 8:30 a. m. Se quedó allí hasta las 10:00 a. m. ¿Cuánto tiempo estuvo en la casa de su amigo? Usa tu reloj de la caja de herramientas o dibuja una recta numérica abierta.

_____

3 Halla la diferencia entre 91 y 59.

_____

¿Qué instrumentos podrían ayudarte a comprobar tu respuesta?

_____

4 Completa la unidad. Resuelve.

| **Unidad** |
| |

$15 - 7 =$ _____

_____ $= 12 - 4$

$13 -$ _____ $= 8$

$7 =$ _____ $- 7$

5 **Escritura/Razonamiento** Explica cómo usaste la gráfica para responder el Problema 1a.

Búsqueda de mediciones

Lección 1-13
FECHA   HORA

1. Estima la masa de los objetos. Anota los nombres de los objetos en las columnas, basándote en tus estimaciones.

Alrededor de 1 gramo	Más de 1 gramo y menos de 1 kilogramo	Alrededor de 1 kilogramo

2. Usa una balanza de platillos y medidas estándar para hallar la masa real de tus objetos. Anota tu trabajo en la siguiente tabla. Escribe la unidad.

Nombre del objeto	Masa

Historias de masa

Lección 1-13

FECHA   HORA

Usa las mediciones de masa del *Libro de consulta del estudiante*, página 271.
Resuelve las historias de números.

① Una pelota de fútbol tiene una masa de alrededor de _____ gramos.
Dylan lleva 2 pelotas para la clase de gimnasia.
¿Cuál es la masa de 2 pelotas de fútbol juntas?

alrededor de _____ gramos

② Una pelota de golf tiene una masa de alrededor de _____ gramos.
Keisha puede hacer malabares con 3 pelotas.
Si una se le cae, ¿cuál es la masa de las pelotas restantes?

alrededor de _____ gramos

③ Crea tu propia historia de números con las masas de pelotas de deportes.

_____

_____

_____

_____

④ Intercambia tu hoja con un compañero y resuelve el Problema 3.
Muestra tu trabajo.

veintinueve 29

Cajas matemáticas

Lección 1-13
FECHA   HORA

1

Hay _____ pétalos de flores.

Modelo numérico:

_____

2 Ajusta tu reloj de la caja de herramientas a las 4:00. Luego, ajústalo a las 4:04 y dibuja las manecillas en el siguiente reloj.

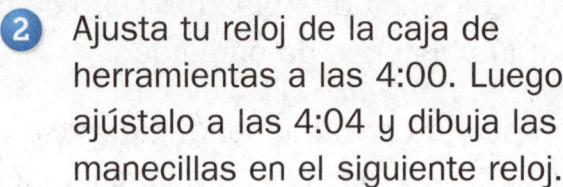

3 Suma o resta con la calculadora para completar estos problemas.

Marca	Cambia a	¿Cómo?
231	531	_____
756	696	_____
875	775	_____
985	485	_____

4 Escribe los números que son 100 menos y 100 más.

100 menos   100 más

_____ 208 _____

_____ 399 _____

_____ 654 _____

_____ 807 _____

5 Escribe el número que está a mitad de camino entre el 80 y el 90 en la recta numérica. Luego escribe el 83 donde corresponda.

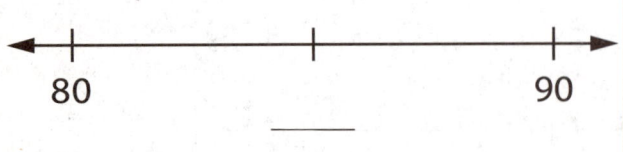

83 redondeado a la decena más cercana es _____.

6 El autobús salió a las 8:30 a. m. Llegó a las 9:30 a. m. ¿Cuánto duró el viaje?

Encierra la mejor respuesta en un círculo.

A. 1 hora

B. 50 minutos

C. 1 hora 10 minutos

D. 40 minutos

Cajas matemáticas
Anticipo de la Unidad 2

Lección 1-14

FECHA   HORA

1 Completa la unidad. Resuelve.

_____ = 13 + 6

_____ = 23 + 6

_____ = 13 + 7

_____ = 33 + 7

Unidad

2 Claire tenía $40 en el banco. Gastó $16. ¿Cuánto le queda? Puedes hacer un diagrama.

Respuesta: _____
(unidad)

Modelo numérico:

_____

3

¿Cuántos puntos hay en total?

_____

Escribe una oración de multiplicación.

_____

4 4 niños se reparten 24 *pennies* en cantidades iguales. ¿Cuántos *pennies* recibe cada niño? Usa fichas o haz un dibujo como ayuda.

Respuesta: _____
(unidad)

5 **Escritura/Razonamiento** Nicholas escribió 5 + 5 = 10 como oración numérica para el Problema 3. ¿Estás de acuerdo? Explica tu respuesta.

_____

_____

_____

treinta y uno   31

Usar operaciones básicas para resolver operaciones extendidas

Lección 2-1
FECHA   HORA

Completa la caja de las unidades y las operaciones extendidas.

Unidad

① _____ = 12 − 7
　_____ = 120 − 70
　_____ = 1,200 − 700

② 8 + 3 = _____
　80 + 30 = _____
　800 + 300 = _____

Completa las operaciones extendidas.

③ _____ = 6 + 8
　_____ = 16 + 8
　_____ = 56 + 8

④ 14 − 9 = _____
　24 − 9 = _____
　54 − 9 = _____

⑤ Explica cómo usaste una operación básica como ayuda para resolver el Problema 4.

_____
_____

Suma o resta con la calculadora para completar estos problemas. También puedes usar una cuadrícula de números o bloques de base 10.

⑥
Marca	Cambia a	¿Cómo?
33	40	_____
80	73	_____
80	23	_____

⑦
Marca	Cambia a	¿Cómo?
430	500	_____
700	640	_____
1,000	400	_____

⑧ ¿Qué combinación de 10 te ayudó a resolver el Problema 6? Explica.

_____
_____
_____
_____

32　treinta y dos

Hallar el tiempo transcurrido

Lección 2-1
FECHA   HORA

Usa un reloj de la caja de herramientas o una recta numérica abierta como ayuda a resolver estos problemas. Muestra tu trabajo.

1. Ava fue a natación a las 4:05 y regresó a las 4:57. ¿Cuánto tiempo estuvo afuera?

2. Deven anduvo en bicicleta 4 millas, desde las 10:15 a.m. hasta las 11:20 a.m. ¿Cuánto tardó en recorrer las 4 millas?

Inténtalo

3. Toya sale hacia la escuela a la hora que muestra el primer reloj. Regresa a su casa a la hora que muestra el segundo reloj. ¿Cuánto tiempo está fuera de su casa?

Explica cómo calculaste la duración del día escolar de Toya.

_____

_____

_____

treinta y tres 33

Cajas matemáticas

Lección 2-1

FECHA   HORA

1) Karen llegó a la casa de su prima a las 12:30 p.m. y se fue a las 6:30 p.m. ¿Cuánto tiempo se quedó? Puedes usar un reloj o una recta numérica abierta como ayuda.

Respuesta: _____ horas

2) Completa el Triángulo de operaciones. Escribe la familia de operaciones.

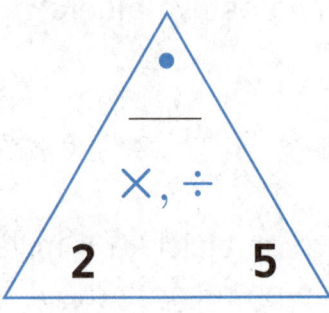

___ × ___ = ___

___ × ___ = ___

___ ÷ ___ = ___

___ ÷ ___ = ___

3) Anota la hora.

___ : ___

4) En total, hay _____ patas.

Escribe un modelo numérico de multiplicación: _____

5) Escritura/Razonamiento Jamal completó el Triángulo de operaciones del Problema 2 como se muestra. ¿Tiene razón? Explícalo con palabras o con un dibujo.

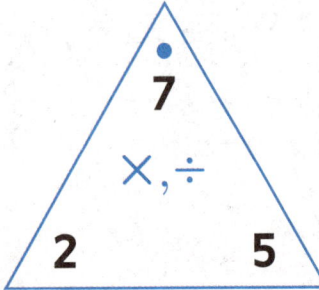

Historias de números

Lección 2-2
FECHA HORA

Para cada historia de números:

- Escribe un modelo numérico. Usa el signo ? para las incógnitas.
- Puedes usar un diagrama como los siguientes, o un dibujo, como ayuda.

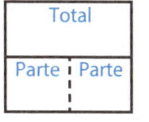 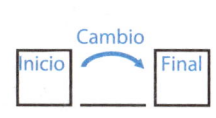 

- Resuelve la historia de números y escribe tu respuesta.
- Explica cómo sabes que tu respuesta tiene sentido.

1. Dos pitones pusieron nidadas de huevos. En una nidada había 47 huevos. En la otra había 32. ¿Cuántos huevos había en total?

   Modelo numérico: _____

   Responde la pregunta: _____
   (unidad)
   Verifica: ¿Cómo sabes si tu respuesta tiene sentido?

   _____

   _____

2. En una nidada de caimanes había 60 huevos. Solo nacieron 12 caimanes. ¿Cuántos no nacieron?

   Modelo numérico: _____

   Responde la pregunta: _____
   (unidad)
   Verifica: ¿Cómo sabes si tu respuesta tiene sentido?

   _____

   _____

treinta y cinco 35

Historias de números (continuación)

Lección 2-2
FECHA   HORA

③ Ahmed tenía $22 en su cuenta bancaria. En su cumpleaños, su abuela le depositó $25. ¿Cuánto dinero hay ahora en su cuenta bancaria?

Unidad
dólares

Modelo numérico: _____

Responde la pregunta: _____

Verifica: ¿Cómo sabes si tu respuesta tiene sentido?

_____

_____

④ Omar tenía $53 en su alcancía. Usó $16 para llevar a su hermana al cine y comprar golosinas. ¿Cuánto dinero queda en su alcancía?

Modelo numérico: _____

Responde la pregunta: _____

Verifica: ¿Cómo sabes si tu respuesta tiene sentido?

_____

_____

36   treinta y seis

Cajas matemáticas

Lección 2-2
FECHA   HORA

① Elige la mejor respuesta.

La masa de un cubo de un centímetro es de alrededor de

Ⓐ 1 gramo.
Ⓑ 10 gramos.
Ⓒ 50 gramos.
Ⓓ 100 gramos.

LCE 183

② Redondea cada número a la decena más cercana. Puedes dibujar rectas numéricas abiertas como ayuda.

68 _____

83 _____

LCE 104

③ Rachel tiene 3 paquetes de semillas. En cada paquete hay 10 semillas. ¿Cuántas semillas tiene en total?

Respuesta: _____ semillas

Escribe un modelo numérico de multiplicación. _____

LCE 38, 41-43

④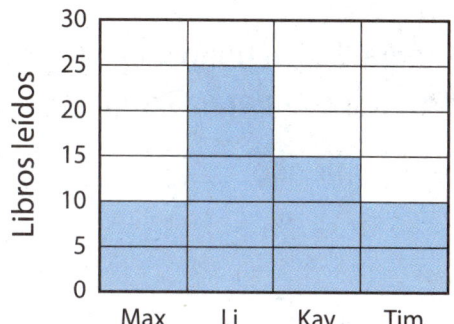

¿Cuántos libros más que Max leyó Li? _____ libros

¿Cuántos libros leyeron Kay y Tim juntos?

_____ libros

LCE 191

⑤ **Escritura/Razonamiento** Escribe una historia de números que corresponda a 2 × 4 = 8.

_____

_____

Explica cómo tu historia de números corresponde a 2 × 4 = 8.

LCE 41-43

treinta y siete 37

Más historias de números

Lección 2-3
FECHA   HORA

Para cada historia de números:

- Escribe un modelo numérico. Usa el signo ? para la incógnita.
- Puedes hacer un diagrama como los siguientes o un dibujo, como ayuda.

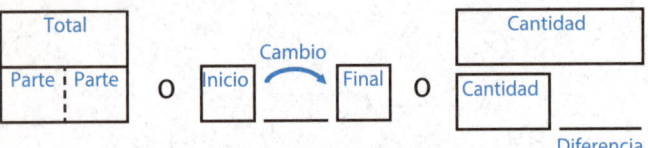

- Resuelve y escribe tu respuesta con la unidad.
- Explica cómo sabes que tu respuesta tiene sentido.

① Cleo tenía $37. Luego, Jullian le devolvió $9 que Cleo le había prestado. ¿Cuánto dinero tiene Cleo ahora?

Modelo numérico: _____

Responde la pregunta: _____
(unidad)

Verifica: ¿Cómo sabes si tu respuesta tiene sentido?

_____

② Audrey tenía $61 en su cuenta bancaria. Retiró $48. ¿Cuánto dinero queda en su cuenta?

Modelo numérico: _____

Responde la pregunta: _____
(unidad)

Verifica: ¿Cómo sabes si tu respuesta tiene sentido?

_____

38   treinta y ocho

Más historias de números (cont.)

Lección 2-3
FECHA　　　HORA

3) Pedro tenía 70 ¢. Compró jugo de uva y le quedaron 25 ¢. ¿Cuánto costó el jugo?

Modelo numérico: _____

Responde la pregunta: _____
(unidad)

Verifica: ¿Cómo sabes si tu respuesta tiene sentido?

_____

_____

4) Cuando fue a la feria, Nikhil tenía $40 en la billetera. Cuando regresó, tenía $18. ¿Cuánto dinero gastó?

Modelo numérico: _____

Responde la pregunta: _____
(unidad)

Verifica: ¿Cómo sabes si tu respuesta tiene sentido?

_____

_____

treinta y nueve 39

Cajas matemáticas

Lección 2-3

FECHA   HORA

① Chip empezó a andar en bicicleta a las 7:00 a.m. y terminó a las 11:30 a.m. ¿Cuánto tiempo anduvo en bicicleta? Puedes dibujar un reloj o una recta numérica abierta como ayuda.

Respuesta: _____

LCE 18-19, 187-188

② Completa el Triángulo de operaciones. Escribe la familia de operaciones.

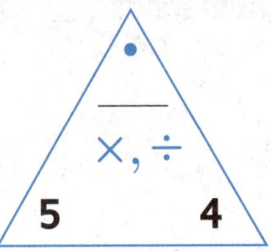

_____ = _____ × _____

_____ = _____ × _____

_____ ÷ _____ = _____

_____ ÷ _____ = _____

LCE 53

③ Dibuja las manecillas para mostrar las 6:23. Puedes colocar tu reloj de la caja de herramientas en una hora conocida como ayuda.

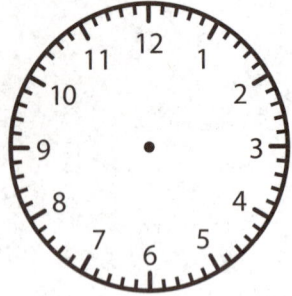

LCE 186

④

En total, hay _____ crayones.

Escribe un modelo numérico de multiplicación:

_____

LCE 38

⑤ **Escritura/Razonamiento** Marla dice que el modelo numérico 8 + 8 = 16 también corresponde a la historia de números del Problema 4. ¿Tiene razón? Explica.

_____

_____

LCE 44

Historias de números de varios pasos, Parte 1

Lección 2-4
FECHA   HORA

Resuelve los siguientes problemas. Usa dibujos, palabras o números para registrar tu razonamiento. Escribe modelos numéricos para mostrar cada uno de tus pasos.

En cada paquete hay 6 pasteles de arroz.

① Compras 2 paquetes de pasteles de arroz y te comes 4 pasteles. ¿Cuántos quedan?

Modelos numéricos: _____

_____

Respuesta: _____ pasteles de arroz

② Compras 5 paquetes de pasteles de arroz.
Regalas 15 pasteles.
¿Cuántos pasteles tienes ahora?

Modelos numéricos: _____

_____

Respuesta: _____ pasteles de arroz

Inténtalo

③ ¿Cuántos paquetes necesitarías para que todos en tu clase tengan un pastel de arroz?

_____ estudiantes _____ paquetes

¿Sobrarían pasteles? _____

¿Cuántos? _____ pasteles de arroz

Modelos numéricos: _____

_____

cuarenta y uno   41

Redondear números

Lección 2-4
FECHA   HORA

Redondea los siguientes números. Muestra tu trabajo en las rectas numéricas abiertas.

1. ¿Cuánto es 64 redondeado **a la decena más cercana**? _____

2. ¿Cuánto es 278 redondeado **a la centena más cercana**? _____

Esta es otra manera de pensar el redondeo de números.

Redondea 27 a la decena más cercana.

¿Qué múltiplos de 10 están más cerca de 27? _____ y _____

¿Qué número está a mitad de camino entre el 20 y el 30? _____

El número de la mitad se escribe en la cima de la colina.

¿El 27 iría hacia el 20 o el 30? _____

27 redondeado **a la decena más cercana** es _____.

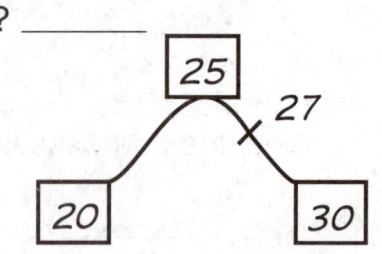

3. Completa la "colina" para mostrar cómo redondearías 82 a la decena más cercana.

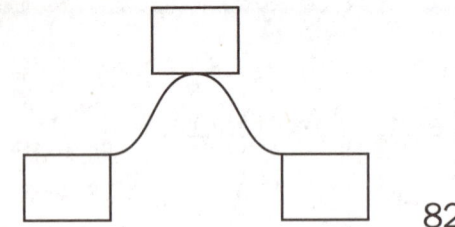

82 redondeado **a la decena más cercana** es _____.

4. Usa una recta numérica abierta o una colina para redondear 140 a la centena más cercana.

140 redondeado a la centena más cercana es _____.

Explica tu trabajo. _____

_____

Cajas matemáticas

Lección 2-4
FECHA   HORA

① Encierra en un círculo la medida estándar que usarías para medir la masa de cada objeto.

cubo de un centímetro

1 gramo   1 kilogramo

una botella de agua de 1 litro

1 gramo   1 kilogramo

LCE 183

② Redondea cada número a la centena más cercana. Puedes dibujar rectas numéricas abiertas como ayuda.

224 _____

576 _____

LCE 105

③ Jalen tiene 5 bolsas de 10 manzanas. ¿Cuántas manzanas tiene en total?

Respuesta: _____
(unidad)

Rellena los círculos que están junto a los modelos numéricos que corresponden a la historia.

Ⓐ 5 + 10 = 15
Ⓑ 5 × 10 = 50
Ⓒ 10 + 10 + 10 + 10 + 10 = 50
Ⓓ 5 + 5 + 5 + 5 + 5 = 25

LCE 38

④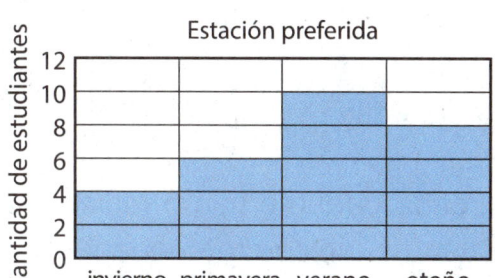

¿Cuántos estudiantes eligieron el verano y el otoño? Escribe el total

_____ estudiantes

Compara primavera y verano. ¿Cuántos estudiantes más eligieron el verano?

_____ estudiantes

LCE 191

⑤ **Escritura/Razonamiento** Escribe una historia de números que corresponda a esta oración numérica: 7 × 2 = 14.

_____

_____

Explica cómo tu historia de números corresponde a 7 × 2 = 14.

_____

LCE 41-43

cuarenta y tres 43

Más historias de números

Lección 2-5
FECHA   HORA

Resuelve los siguientes problemas. Muestra tu trabajo con dibujos, números o palabras. Escribe modelos numéricos para registrar tu razonamiento.

1. Jill tiene 83 ¢. Compra 2 gomas de borrar a 25 ¢ cada una. ¿Cuánto dinero le queda?

   Modelos numéricos: _____
   _____

   Respuesta: _____ ¢

2. En cada paquete hay 5 lápices. Tienes 4 paquetes. Le das 2 lápices a un amigo. ¿Cuántos lápices te quedan?

   Modelos numéricos: _____
   _____

   Respuesta: _____ lápices

3. Tres amigas se reparten 15 almendras en cantidades iguales. Una de ellas se come 3 de sus almendras. ¿Cuántas le quedan?

   Modelos numéricos: _____
   _____

   Respuesta: _____ almendras

Cajas matemáticas

Lección 2-5
FECHA   HORA

1. ¿Qué operación básica puede ayudarte a resolver 1,000 − 800?

Unidad
bolígrafos

Operación básica:

_____

1,000 − 800 = _____

LCE 114

2. Resuelve. Corey tenía $75. Gastó algo de dinero y ahora tiene $45. ¿Cuánto dinero gastó? Puedes hacer un diagrama o un dibujo.

_____
(modelo numérico con el signo ?)

Respuesta: $_____

LCE 76

3. Bradley distribuye 20 lápices en 5 mesas. Haz un dibujo para mostrar cuántos lápices hay en cada mesa.

Respuesta: _____ lápices

LCE 39-40

4. Divide el círculo en dos partes iguales.

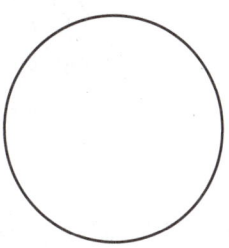

Da un nombre con palabras a una 1 parte.

_____

Da un nombre con palabras a todas las partes juntas.

_____

LCE 132-133

5. Andrea salió a caminar a la 1:15 p. m. Regresó a la 1:50 p. m.

¿Cuánto tiempo duró su caminata? _____
Usa el reloj o la recta numérica abierta para resolver.

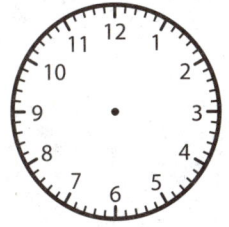 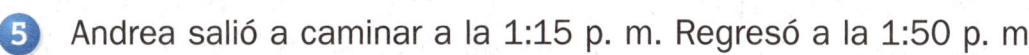

LCE 18-19

cuarenta y cinco 45

Historias de grupos iguales

Lección 2-6
FECHA   HORA

Usa la información del Cartel de la tienda de todo a un dólar, en la página 270 del *Libro de consulta del estudiante*, para resolver cada historia de números. Usa una estrategia eficaz. Muestra tu trabajo con dibujos o palabras. Escribe modelos numéricos para mostrar tu trabajo.

1 Shanna compra 3 cajas de mini carros para compartir con sus compañeros. ¿Cuántos carros tiene en total?

Respuesta: _____
(unidad)

Modelo numérico: _____

¿Cuánto cuestan 3 cajas de carros?

Respuesta: _____
(unidad)

Modelo numérico: _____

2 Una maestra compra 1 paquete de bolígrafos en oferta especial y 0 paquetes de bolígrafos con sabor a chocolate. ¿Cuántos bolígrafos compró en total?

Respuesta: _____
(unidad)

Modelo numérico: _____
_____

Cajas matemáticas

Lección 2-6

FECHA   HORA

1 Austin leyó un libro durante 45 minutos el lunes y por 25 minutos el martes. ¿Cuántos minutos más leyó el lunes? Puedes hacer un diagrama o un dibujo como ayuda.

_____
(modelo numérico con el signo ?)

Respuesta: _____ minutos

LCE 76

2 Molly tiene dos pelotas de tenis. Cada una tiene una masa de alrededor de 57 gramos. ¿Cuál es la masa de las dos pelotas juntas?

Alrededor de _____ gramos

LCE 76

3 Jugando a *Sorteo de multiplicaciones*, lanzas un 5 y sacas una tarjeta del 7.

Escribe una oración numérica de multiplicación para registrar tu turno.

_____

LCE 248

4 Resuelve.

4 × 2 = ___   2 × 7 = ___

5 × 3 = ___   ___ = 4 × 10

___ = 10 × 2   6 × 5 = ___

LCE 44

5 **Escritura/Razonamiento** En tu próximo turno de *Sorteo de multiplicaciones*, lanzas un 5 y sacas una tarjeta del 8. ¿Tu puntuación o producto es mayor o menor que tu puntuación en el Problema 3? Explica.

_____

_____

cuarenta y siete 47

Representar historias de números con matrices

Lección 2-7

FECHA   HORA

Escribe el tema de cada historia. Luego escribe un modelo numérico con el signo ? para la incógnita y dibuja una matriz como ayuda para resolverlo.

① Tema: _____

Modelo numérico: _____

Respuesta: _____

② Tema: _____

Modelo numérico: _____

Respuesta: _____

③ Tema: _____

Modelo numérico: _____

Respuesta: _____

④ Tema: _____

Modelo numérico: _____

Respuesta: _____

48   cuarenta y ocho

Cajas matemáticas

Lección 2-7
FECHA   HORA

1 Completa la unidad. Resuelve.

Unidad

17 − 8 = _____

170 − 80 = _____

1,700 − 800 = _____

LCE 114

2 Tiara tocó el violín durante 50 minutos. Tocó 35 minutos el miércoles y un poco más el jueves. ¿Cuántos minutos tocó el jueves? Puedes hacer un diagrama o un dibujo como ayuda.

_____
(modelo numérico con el signo ?)

Respuesta: _____ minutos

LCE 76

3 Dakota divide una cinta de cuero de 18 pulgadas en 3 partes iguales, para hacer pulseras. ¿Cuánto mide cada parte? Puedes hacer un dibujo.

Rellena el círculo que está junto a la respuesta correcta.

Ⓐ 4 pulgadas
Ⓑ 6 pulgadas
Ⓒ 8 pulgadas
Ⓓ 10 pulgadas

LCE 39-40

4 Divide el rectángulo en cuartos (4 partes iguales).

Da un nombre a 1 parte con palabras.
_____

Da un nombre a todas las partes juntas con palabras:
_____

LCE 132-133

5 Jamie sale de su casa a las 8:05 a.m. y llega a la casa de su amiga a las 8:50 a.m. ¿Cuánto tarda en llegar a la casa de su amiga?

_____

Usa el reloj o una recta numérica abierta para resolver.

LCE 18-19

cuarenta y nueve 49

Repartir *pennies*

Lección 2-8

FECHA   HORA

Resuelve el siguiente problema.
Usa dibujos, números y palabras para mostrar tu razonamiento.

Leah y Matthew se reparten 14 *pennies* en cantidades iguales.
¿Cuántos *pennies* recibe cada niño?

Respuesta: _____ *pennies*

Cajas matemáticas

Lección 2-8

FECHA   HORA

① Los científicos contaron 91 huevos en 2 nidadas de pitón. Si en 1 nidada hay 52 huevos, ¿cuántos hay en la otra? Puedes hacer un diagrama o un dibujo.

_____
(modelo numérico con el signo ?)

Respuesta: _____ huevos

② Una pelota de golf tiene una masa de alrededor de 43 gramos.

¿Cuál es la masa de 3 pelotas de golf juntas?

Alrededor de _____ gramos

③ James lanza un 2 y saca una tarjeta del 9 en *Sorteo de multiplicaciones*. Lucy lanza un 5 y saca una tarjeta del 3. ¿Quién tiene el mayor producto?

_____

Escribe oraciones de multiplicación para anotar sus turnos.

_____ × _____ = _____

_____ × _____ = _____

④ Resuelve.

$1 \times 2 =$ ___   ___ $= 9 \times 5$

$3 \times 2 =$ ___ $10 \times 3 =$ ___

___ $= 5 \times 5$ $7 \times 10 =$ ___

⑤ **Escritura/Razonamiento** Explica cómo resolviste el Problema 1.

_____

_____

cincuenta y uno   51

Historias de partes iguales

Lección 2-9
FECHA   HORA

Resuelve cada historia de números y haz un dibujo para mostrar tu razonamiento. Escribe un modelo numérico de división para cada historia.

1. Una clase de 30 estudiantes quiere jugar a la pelota. ¿Cuántos equipos de 6 estudiantes se pueden armar?

   Respuesta: _____ equipos

   ¿Cuántos estudiantes sobran? _____ estudiantes

   Modelo numérico: _____

2. Para otro juego, la misma clase de 30 estudiantes quiere tener exactamente 4 estudiantes en cada equipo. ¿Cuántos equipos se pueden formar?

   Respuesta: _____ equipos

   ¿Cuántos estudiantes sobran? _____ estudiantes

   Modelo numérico: _____

3. Roberto tiene 25 lápices para repartir en cantidades iguales en 3 cajas. ¿Cuántos lápices coloca en cada caja?

   Respuesta: _____ lápices

   ¿Cuántos lápices sobran? _____ lápiz

   Modelo numérico: _____

Cajas matemáticas
Anticipo de la Unidad 3

Lección 2-9

FECHA   HORA

---

1 Completa.

entrada	salida
2	
5	
	20
8	

entrada ↓
Regla
× 2
↓ salida

LCE 74-75

---

2 Escribe cada número en forma desarrollada.

Ejemplo: 579 = _500 + 70 + 9_

251 = _____

425 = _____

640 = _____

LCE 99

---

3 Tacha los nombres que no corresponden. Agrega al menos 2 nombres diferentes.

10	5 × 2	2 + 2
	10 × 10	20 ÷ 2

LCE 96-97

---

4 Resuelve.

_____ = 2 × 6

_____ = 6 × 2

5 × 7 = _____

7 × 5 = _____

LCE 44

---

5 Deporte preferido
fútbol americano ☺☺☺☺☺☺☺
fútbol   ☺☺☺☺☺☺
béisbol   ☺☺☺☺
básquetbol   ☺☺☺☺
CLAVE: ☺ = 1 estudiante

¿Cuántos estudiantes eligieron el fútbol americano en lugar del béisbol como deporte preferido?

_____ estudiantes

LCE 193-194

---

6 Redondea 91 y 62 a la decena más cercana. Usa los números redondeados para estimar. Luego resuelve.

Unidad
estrellas

Estimación:

_____ − _____ = _____

91 − 62 = _____

LCE 106, 119, 122-123

cincuenta y tres   53

Explorar patrones pares e impares con matrices

Lección 2-10

FECHA   HORA

Mensaje matemático

En su jardín, Amanda quiere tener 2 filas de plantas de tomate. Haz dibujos para mostrar tu razonamiento.

¿Puede Amanda hacer una matriz con 2 filas iguales si tiene:

9 plantas de tomate? _____

12 plantas de tomate? _____

14 plantas de tomate? _____

15 plantas de tomate? _____

¿Qué observas sobre la cantidad de plantas que se podrían plantar en matrices de 2 filas iguales? ¿Qué observas sobre la cantidad de plantas que *no* se podrían plantar en matrices de 2 filas iguales?

_____

_____

_____

54   cincuenta y cuatro

Más historias de números de varios pasos

Lección 2-10

FECHA   HORA

Usa el Cartel de la tienda de todo a un dólar, en la página 270 del *Libro de consulta del estudiante*, para resolver cada problema. Muestra tu trabajo y escribe modelos numéricos para registrar tu razonamiento.

1) La señora Martin compró 5 paquetes de marcadores de colores brillantes. Luego compró 1 paquete de marcadores perfumados. ¿Cuántos marcadores tiene en total?

Respuesta: _____ marcadores

Modelos numéricos: _____

_____

2) La señora Hickson compró 10 paquetes de bolígrafos. Le dio 12 bolígrafos a su ayudante de clase. ¿Cuántos bolígrafos le quedaron?

Respuesta: _____ bolígrafos

Modelos numéricos: _____

_____

Inténtalo

3) El señor Wilson compró 1 paquete de globos de 9 pulgadas, 4 paquetes de gorros de fiesta y 3 paquetes de silbatos. ¿Cuánto dinero gastó en total?

Respuesta: $_____

Modelos numéricos: _____

_____

cincuenta y cinco 55

Cajas matemáticas

Lección 2-10
FECHA   HORA

① Joe tiene 5 paquetes de galletas saladas. En cada paquete hay 6 galletas. ¿Cuántas galletas hay en total?

_____
(modelo numérico con el signo ?)

Puedes hacer una matriz o un dibujo.

Respuesta: _____ galletas saladas

LCE 38, 41-43

② Sonya tenía 43 crayones y su maestro le dio 20 más. Ahora tiene 25 crayones más que Mia. ¿Cuántos crayones tiene Mia?

Rellena el círculo que está junto a la respuesta correcta.

Ⓐ 88
Ⓑ 63
Ⓒ 58
Ⓓ 38

LCE 30-31

③ Cuatro niños se reparten 3 galletas saladas. Usa los rectángulos para mostrar cómo pueden repartirse las galletas en partes iguales.

LCE 132-133

④ Usa tu Plantilla de bloques geométricos. Traza un cuadrilátero con 4 ángulos rectos.

LCE 216-217

⑤ **Escritura/Razonamiento** Mira el Problema 3. Escribe una fracción para dar nombre a las galletas que tiene cada niño.

_____

LCE 132-133

56 cincuenta y seis

Marcos y flechas

Lección 2-11
FECHA   HORA

Halla el patrón. Completa con los números que faltan y la regla, si es necesario.

1. Regla: +5

   10, ___, ___, 25, ___, ___

2. Regla: ___

   75, 70, ___, 60, ___, 50

3. Regla: ×1

   ___, 8, ___, 8, 8, ___

4. Regla: ÷2

   48, 24, 12, ___, ___

Más historias de números

Lección 2-11
FECHA　　HORA

Para cada historia de números:

- Escribe un modelo numérico de multiplicación. Usa el signo ? para mostrar la incógnita.
- Haz una matriz que corresponda a la historia en la cuadrícula de puntos.
- Resuelve. Incluye la unidad en tu respuesta.

1 La señora Kwan tiene 4 cajas de marcadores perfumados. En cada caja hay 10 marcadores. ¿Cuántos marcadores tiene?

Modelo numérico: _____

Respuesta: _____
(unidad)

2 Mónica guarda su colección de muñecas en una vitrina con 5 estantes. En cada estante hay 7. ¿Cuántas muñecas hay en la colección de Mónica?

Modelo numérico: _____

Respuesta: _____
(unidad)

3 Durante el verano, Jack trabaja cortando el césped. Puede cortarlo en 5 lugares distintos por día. ¿En cuántos lugares puede cortar el césped en 9 días?

Modelo numérico: _____

Respuesta: _____
(unidad)

58　cincuenta y ocho

Cajas matemáticas

Lección 2-11
FECHA   HORA

1 En tercer grado hay 81 estudiantes. En segundo grado hay 59 estudiantes. ¿Cuántos estudiantes más hay en tercer grado? Puedes hacer un diagrama o un dibujo.

_____
(modelo numérico con el signo ?)

Respuesta: _____ estudiantes

2 Olivia tiene 3 litros de agua. Un litro de agua tiene una masa de 1,000 gramos. ¿Cuál es la masa de 3 litros de agua?

Alrededor de _____ gramos

3 Jugando a *Sorteo de multiplicaciones*, Selene lanza un 10 y saca una tarjeta del 6. Edgar lanza un 5 y saca una tarjeta del 9. ¿Quién tiene el producto más chico?

_____

Escribe oraciones numéricas de multiplicación para registrar sus turnos.

_____

4 Multiplica.

_____ = 2 × 2

2 × 9 = _____

5 × 2 = _____

_____ = 7 × 5

```
  1 0         1 0
×   4       ×   9
-----       -----
```

5 **Escritura/Razonamiento** ¿Cómo resolviste el Problema 2?

Exploración A: Círculos de fracciones

Lección 2-12

FECHA   HORA

Usa tus círculos de fracciones para responder las preguntas.

El círculo rojo es el entero.

1. ¿Cuántas piezas amarillas cubren el círculo rojo? _____

2. ¿Cuántas piezas azul oscuro cubren el círculo rojo? _____

3. ¿Cuántas piezas rosadas cubren el círculo rojo? _____

¿Qué fracción o parte del círculo rojo representa una pieza rosada?

_____

La pieza rosada es el entero.

4. ¿Cuántas piezas amarillas cubren una pieza rosada? _____

5. ¿Cuántas piezas celestes cubren una pieza rosada? _____

¿Qué fracción o parte de la pieza rosada representa una pieza celeste?

_____

La pieza anaranjada es el entero.

6. ¿Cuántas piezas celestes cubren una pieza anaranjada? _____

¿Qué fracción o parte de la pieza anaranjada representa una pieza celeste?

_____

La pieza amarilla es el entero.

7. ¿Cuántas piezas azul oscuro cubren una pieza amarilla? _____

¿Qué fracción o parte de la pieza amarilla representa una pieza azul oscuro?

_____

Exploración B: Área de medición

Lección 2-12
FECHA   HORA

Sigue las instrucciones de la Tarjeta de actividades 32.

1   **a.** Tracé _una carta de Todo matemáticas_.

     b. Tiene un área de alrededor de _____ centímetros cuadrados.

     c. Tiene un área de alrededor de _____ pulgadas cuadradas.

2   **a.** Tracé _____.

     b. Tiene un área de alrededor de _____ centímetros cuadrados.

     c. Tiene un área de alrededor de _____ pulgadas cuadradas.

3   **a.** Tracé _____.

     b. Tiene un área de alrededor de _____ centímetros cuadrados.

     c. Tiene un área de alrededor de _____ pulgadas cuadradas.

4   **a.** Tracé _____.

     b. Tiene un área de alrededor de _____ centímetros cuadrados.

     c. Tiene un área de alrededor de _____ pulgadas cuadradas.

Compara tus mediciones en centímetros cuadrados y pulgadas cuadradas. ¿Qué observas?

_____

_____

_____

sesenta y uno

Exploración C: Comparar volúmenes líquidos

Lección 2-12

FECHA   HORA

- Dibuja los recipientes A, B y C.
- Encierra en un círculo el recipiente de la fila superior que piensas que contendrá la mayor cantidad de agua.
- Debajo de cada dibujo, sombrea el vaso de laboratorio de 1 litro para mostrar el volumen líquido que tu recipiente puede contener.

Recipiente A	Recipiente B	Recipiente C

¿Qué recipiente contiene más agua? _____

Escribe al menos dos cosas que observas sobre los distintos volúmenes líquidos.

_____

_____

_____

62 sesenta y dos

Cajas matemáticas

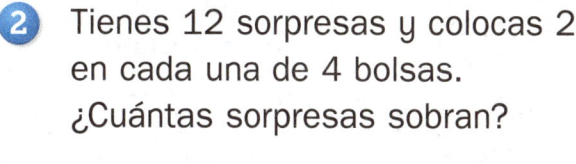

Lección 2-12

FECHA   HORA

① Diego tiene 4 bandejas de cultivo. En cada bandeja hay 6 plantas. ¿Cuántas plantas tiene Diego en total?

Respuesta: _____ plantas

Rellena los círculos que están junto a los modelos correctos.

Ⓐ $6 + 6 + 6 + 6 = 24$
Ⓑ $6 + 4 + 10 = 20$
Ⓒ $4 \times 6 = 24$
Ⓓ $4 + 6 = 10$

LCE 38, 41-43

② Tienes 12 sorpresas y colocas 2 en cada una de 4 bolsas. ¿Cuántas sorpresas sobran?

Modelos numéricos:

_____

_____

Respuesta: _____
(unidad)

 LCE 39-40

③ 2 amigos se reparten 3 naranjas. ¿Cuántas naranjas recibirá cada uno? Muestra cómo se pueden repartir las naranjas en partes iguales.

Cada amigo recibe _____ naranja.

 LCE 132-133

④ Usa tu Plantilla de bloques geométricos. Traza un cuadrilátero con 2 pares de lados paralelos.

 LCE 209, 217

⑤ **Escritura/Razonamiento** Explica cómo resolviste el Problema 2.

_____

_____

_____

sesenta y tres   63

Cajas matemáticas: Anticipo de la Unidad 3

Lección 2-13

FECHA   HORA

1 Completa.

entrada	salida
2	
4	
	25
	50

Regla × 5

2 Escribe cada número en forma desarrollada.

684 = _____

357 = _____

409 = _____

890 = _____

3 15

Rellena los círculos que están junto a los nombres de 15.

Ⓐ 5 + 5 + 5   Ⓑ 3 × 5

Ⓒ 10 − 5   Ⓓ 5 × 2 + 5

4 Resuelve.

_____ = 2 × 9

_____ = 9 × 2

5 × 4 = _____

4 × 5 = _____

5 Mascotas preferidas de la clase

perro ☺☺☺☺☺☺☺☺☺
gato ☺☺☺☺☺☺
pez ☺☺☺☺
jerbo ☺☺

CLAVE: ☺ = 1 estudiante

¿Cuántos estudiantes eligieron más perros que peces? _____ .

¿Cuántos estudiantes eligieron los peces o gatos como mascota preferida? _____ estudiantes

6 Redondea 486 y 209 a la centena más cercana. Usa los números redondeados para hacer una estimación. Luego resuelve.

Estimación:

_____

486 − 209 = _____

64 sesenta y cuatro

"¿Cuál es mi regla?"

Lección 3-1
FECHA   HORA

Completa los espacios en blanco. Escribe los números de *entrada* y de *salida* que cumplan la regla. Escribe tu propia regla y completa el Problema 6.

1 entrada → Regla: Restar 50 → salida

entrada	salida
100	
50	
70	
150	
200	

2 entrada → Regla → salida

entrada	salida
14	23
34	43
44	53
64	73
94	103

3 entrada → Regla: Multiplicar por 2 → salida

entrada	salida
3	
6	
8	
10	
12	

4 entrada → Regla: Restar 30 → salida

entrada	salida
	30
	50
	100
	200
	0

5 entrada → Regla → salida

entrada	salida
2	20
7	
	30
6	60
9	

6 entrada → Regla → salida

entrada	salida

sesenta y cinco   65

Cajas matemáticas

Lección 3-1
FECHA   HORA

1 Tres niños anduvieron en bicicleta un total de 23 millas. Un niño anduvo 9 millas y otro, 8. ¿Cuántas millas anduvo el tercer niño? Escribe modelos numéricos.

Modelos numéricos: _____

_____

Respuesta: _____
(unidad)

LCE 30-31

2 Dibuja una matriz de 8 círculos en 2 filas iguales.

Dibuja una matriz de 10 círculos en 2 filas iguales.

LCE 41

3 Reparte 16 *pennies* en cantidades iguales entre 2 niños. Puedes hacer un dibujo.

Cada niño recibe _____ *pennies*.

Sobran _____ *pennies*.

Modelo numérico: _____

LCE 39

4 Resuelve.

_____ = 17 − 8

_____ = 27 − 8

_____ = 47 − 8

_____ = 127 − 8

_____ = 167 − 8

Unidad
árboles

LCE 114

5 Escritura/Razonamiento Jenna dibujó esta matriz.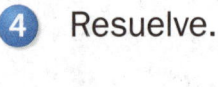

Mira la matriz que dibujó Jenna y tus matrices del Problema 2.

¿Qué observas sobre la cantidad total de círculos en cada matriz?

_____

Estrategias de estimación

Lección 3-2

FECHA   HORA

Rosa hace una estimación para el siguiente problema de suma. Utiliza números **cercanos** a los números del problema pero **más simples** de usar.

$$322 + 487 = ?$$

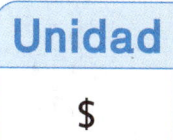

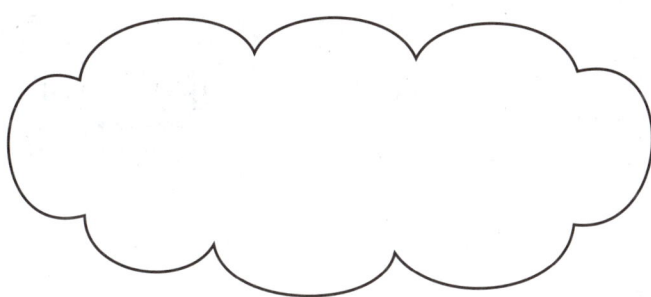

① Explica el razonamiento de Rosa a un compañero o compañera.

② Haz otra estimación. ¿Qué números **cercanos más simples** podrías usar? Escribe una oración numérica en la nube de pensamiento para mostrar tu razonamiento.

sesenta y siete   67

Cajas matemáticas

Lección 3-2
FECHA   HORA

1 Jocelyn reparte una golosina de fruta en partes iguales entre ella y 3 amigas. ¿Cuánto recibe cada niña? Usa el siguiente rectángulo para mostrar las partes iguales.

Cada niña recibe _____ de la golosina de fruta.

LCE 132-133

2 Tienes el dinero exacto para comprar dos envases de jugo de uva de 45 centavos.

¿Cuánto dinero tienes? Puedes hacer un diagrama o un dibujo.

_____
(modelo numérico con el signo ?)

Respuesta: _____
(unidad)

LCE 76

3 Hay 12 sillas en una matriz. ¿Cuáles son las maneras posibles de ordenar las sillas? Rellena los círculos que están junto a las mejores respuestas.

Ⓐ 6 filas de 2 sillas
Ⓑ 3 filas de 4 sillas
Ⓒ 12 filas de 1 silla
Ⓓ 7 filas de 5 sillas

LCE 41-43

4

¿Cuántos días no fueron lluviosos?

_____
(unidad)

LCE 191

5 Completa los marcos vacíos.

Regla
+ 25

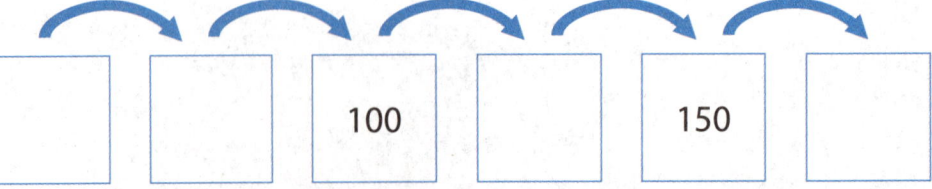

(cuadros: __, __, 100, __, 150, __)

LCE 72-73

68 sesenta y ocho

Método de sumas parciales

Lección 3-3
FECHA   HORA

Estima. Escribe oraciones numéricas para mostrar cómo estimaste. Usa el método de sumas parciales para resolver los Problemas 1 y 2. Utiliza cualquier estrategia para resolver el Problema 3. Muestra tu trabajo en todos los problemas y verifica que tus respuestas tengan sentido.

Unidad

Ejemplo: 329 + 418 = __747__

Estimación:
300 + 400 = 700

```
           329
         + 418
300 + 400 →  700
 20 + 10 →   30
  9 +  8 →   17
           747
```

1) 143 + 28 = _____

Estimación: _____

2) 195 + 537 = _____

Estimación: _____

3) 378 + 439 = _____

Estimación: _____

sesenta y nueve 69

Cajas matemáticas

Lección 3-3
FECHA   HORA

1 Luisa tiene 5 bolsas que contienen 5 duraznos cada una. Se le caen 6 duraznos. ¿Cuántos tiene ahora?

Escribe modelos numéricos para mostrar tus pasos.

Modelos numéricos: _____

_____

Respuesta: _____
(unidad)

LCE 30-31

2 Encierra en un círculo la cantidad de X que puedes dibujar en una matriz con 2 filas iguales.

19   14

Dibuja ese número de X en una matriz con 2 filas iguales.

¿Puedes hacer una matriz con 2 filas *iguales* con un número impar de X?

_____

LCE 41-42, 71

3 Se reparten 14 libros en cantidades iguales entre 3 niños. Puedes hacer un dibujo.

¿Cuántos libros recibe cada niño?

_____
(unidad)

¿Cuántos libros sobran?

_____
(unidad)

Modelo numérico:

_____

LCE 39-40

4 Resuelve.

_____ = 15 − 7

_____ = 35 − 7

_____ = 85 − 7

_____ = 135 − 7

_____ = 235 − 7

Unidad
pelotas de fútbol

LCE 114

5 **Escritura/Razonamiento** Explica cómo puedes usar la operación básica 15 − 7 como ayuda para resolver las otras oraciones numéricas del Problema 4.

LCE 114

Suma en columnas

Lección 3-4
FECHA   HORA

Estima. Luego usa la suma en columnas para resolver los Problemas 1 y 2. Utiliza cualquier estrategia para resolver el Problema 3.
Usa tus estimaciones para verificar si las respuestas tienen sentido.

Unidad

Ejemplo: 148 + 59 = ?

Estimación: $\underline{150 + 60 = 210}$

	100	10	1
	1	4	8
+		5	9
	1	9	17
	1	10	7
	2	0	7

148 + 59 = *207*

1 67 + 25 = ?

Estimación: _____

67 + 25 = _____

2 227 + 386 = ?

Estimación: _____

227 + 386 = _____

3 481 + 239 = ?

Estimación: _____

481 + 239 = _____

Cajas matemáticas

Lección 3-4
FECHA   HORA

1 Rellena los círculos que están junto a las ilustraciones que muestran 2 ciruelas repartidas en partes iguales entre 3 niños.

LCE 132-133

2 Dontrell le da a su hermano 65 ¢ para que compre jugo de naranja. Ahora su hermano tiene 90 ¢. ¿Cuánto dinero tenía su hermano al principio?

_____
(modelo numérico con el signo ?)

Respuesta: _____
(unidad)

LCE 76

3 Ordena 12 estrellas en una matriz. Escribe un modelo numérico de multiplicación que corresponda a tu matriz.

Modelo numérico: _____

LCE 41-42

4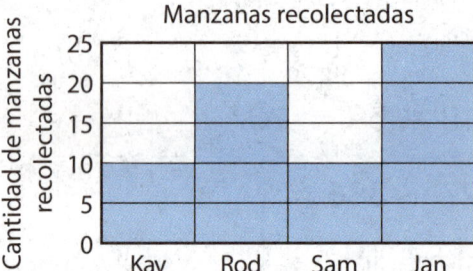

¿Cuántas manzanas más que Kay y Rod recolectaron Sam y Jan?

_____
(unidad)

LCE 191

5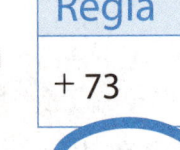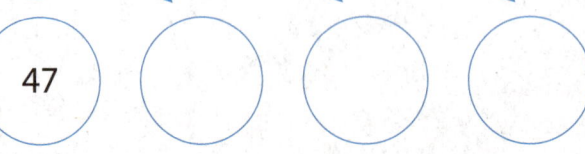

LCE 72-73

72 setenta y dos

Restar contando hacia adelante

Lección 3-5
FECHA   HORA

Completa la caja de las unidades. Haz una estimación en cada problema. Cuenta hacia adelante para resolver los Problemas 1 a 3. Usa rectas numéricas abiertas u oraciones numéricas. Utiliza cualquier estrategia para resolver el Problema 4. Muestra tu trabajo. Usa tus estimaciones para verificar si tus respuestas tienen sentido.

Unidad

① 67 − 37 = ?

Estimación: _____

67 − 37 = _____

② ? = 91 − 46

Estimación: _____

_____ = 91 − 46

③ ? = 283 − 256

Estimación: _____

_____ = 283 − 256

④ 752 − 487 = ?

Estimación: _____

752 − 487 = _____

setenta y tres 73

Cajas matemáticas

Lección 3-5
FECHA   HORA

1 Completa los números que faltan.

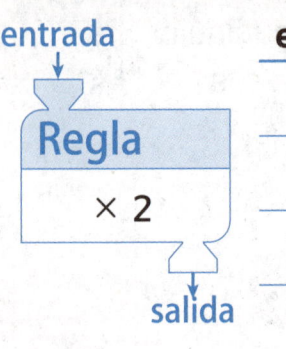

entrada	salida
5	
	14
8	
	20

2 Redondea cada sumando a la centena más cercana para hacer una estimación. Luego resuelve.

Unidad

Estimación: _____

$$\begin{array}{r} 2\;3\;6 \\ +\quad 7\;9 \\ \hline \end{array}$$

Piensa:
¿Tiene sentido mi respuesta?

LCE 74-75

LCE 106, 116-118

3 Stacy tiene 2 frascos con 8 canicas cada uno. Halla 7 canicas más. ¿Cuántas canicas tiene ahora? Escribe modelos numéricos para mostrar tu razonamiento.

Modelos numéricos: _____
_____

Respuesta: _____
(unidad)

LCE 30-31

4 Resuelve.

Hay 6 marcadores en cada paquete. Tienes 1 paquete.
¿Cuántos marcadores tienes?

_____ marcadores

Hay 96 huevos en una nidada de tortuga verde. ¿Cuántos huevos hay?

_____ huevos

LCE 46

5 **Escritura/Razonamiento** Denise escribió:

$1 \times 6 = 6$ $1 \times 96 = 96$

Explica por qué los modelos numéricos de Denise corresponden a las historias del Problema 4.

LCE 46

74 setenta y cuatro

Resta de expansión e intercambio

Lección 3-6
FECHA   HORA

Completa la caja de las unidades. Escribe una oración numérica para tu estimación en cada problema. Escribe cada número en forma desarrollada. Resuelve usando la resta de expansión e intercambio. Compara tu respuesta con tu estimación. ¿Tiene sentido tu respuesta?

Unidad

Ejemplo: 247 − 186 = ?

Estimación: $250 - 200 = 50$

$$\begin{array}{r} & 100 \quad 140 \\ 247 \rightarrow & 200 + 40 + 7 \\ -186 \rightarrow & 100 + 80 + 6 \\ \hline & 60 + 1 = 61 \end{array}$$

247 − 186 = __61__

① 65 − 47 = ?

Estimación: _____

65 − 47 = _____

② 182 − 56 = ?

Estimación: _____

182 − 56 = _____

③ 341 − 225 = ?

Estimación: _____

341 − 225 = _____

setenta y cinco 75

Comparar datos en una gráfica de barras

Lección 3-6

FECHA   HORA

La gráfica de barras muestra la cantidad de estudiantes de tercer grado que eligieron cada tipo de música. Usa la gráfica para resolver las historias de números.

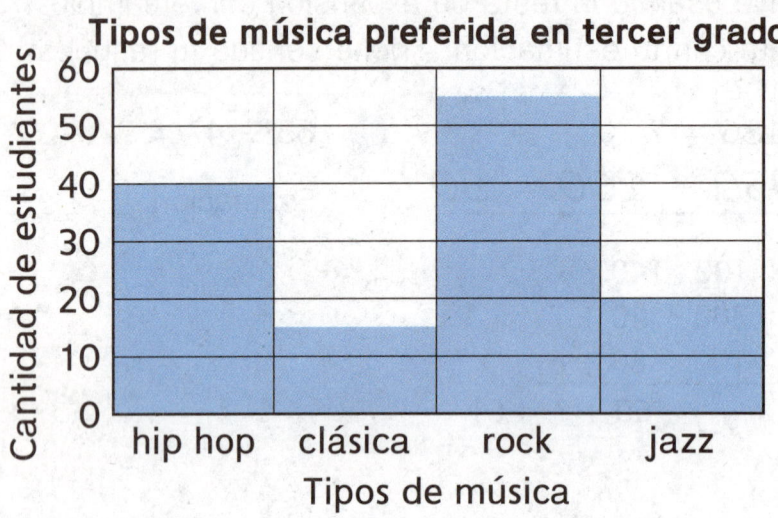

1. ¿A cuántos estudiantes les gusta más el rock que el jazz?

    A _____ estudiantes

2. ¿A cuántos estudiantes les gusta menos la música clásica que el hip hop?

    A _____ estudiantes

3. ¿A cuántos estudiantes les gusta más el hip hop que la música clásica y el jazz juntos?

    A _____ estudiantes

4. Escribe una historia de números que se pueda resolver usando la gráfica. Escribe la respuesta a tu historia.

    _____
    _____
    _____

    Respuesta: _____

Cajas matemáticas

Lección 3-6
FECHA   HORA

① La temperatura máxima habitual en primavera, en Los Angeles, es de 72 °F. La temperatura mínima habitual es de 56 °F. ¿Cuál es la diferencia entre las temperaturas?

Modelo numérico:

_____

Respuesta: _____ °F

② Rellena los círculos que están junto a las medidas que son iguales a la masa de 1,000 clips. (*Pista*: 1 clip pesa alrededor de 1 gramo).

Ⓐ alrededor de 10 gramos

Ⓑ alrededor de 1,000 gramos

Ⓒ alrededor de 1 kilogramo

Ⓓ alrededor de 100 kilogramos

③ Rita tiene 26 calcomanías y las reparte en cantidades iguales entre ella y dos amigas. ¿Cuántas calcomanías recibe cada una?

Cada niña recibe _____ calcomanías.

Sobran _____ calcomanías.

Modelo numérico:

_____

④ Completa el Triángulo de operaciones. Escribe la familia de operaciones.

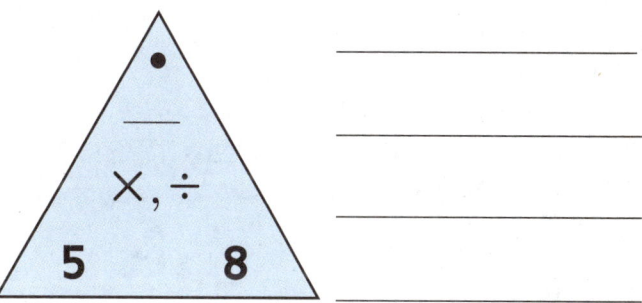

_____

_____

_____

_____

⑤

Anota la hora. _____

¿Qué hora será dentro de 25 minutos? _____

⑥ Una pelota de fútbol tiene una masa de alrededor de 425 gramos. Una pelota de *softball* tiene una masa de alrededor de 184 gramos. ¿Cuál es la masa total de las dos pelotas?

_____
(modelo numérico con el signo ?)

Respuesta: alrededor de

_____
(unidad)

setenta y siete   77

Escala para un conjunto de datos

Lección 3-7

FECHA   HORA

Mensaje matemático

Jasmine llevó un registro de la cantidad de minutos en los que hizo tarea cada día escolar.

lunes	martes	miércoles	jueves	viernes
45	20	35	40	17

Quiere usar la siguiente gráfica de barras para mostrar sus datos.
Habla con un compañero o compañera sobre cómo podría hacer su gráfica Jasmine.
¿Qué escala podría usar para la Cantidad de minutos?

_____

Exploración A: Gráfica de barras de agrupación de bloques geométricos

Lección 3-7
FECHA   HORA

Anota la cantidad de bloques geométricos de cada grupo.

Triángulo	Rombo ancho	Rombo angosto	Hexágono	Trapecio

Elige una escala para la gráfica basándote en tus datos. Representa tus datos sobre los bloques geométricos.

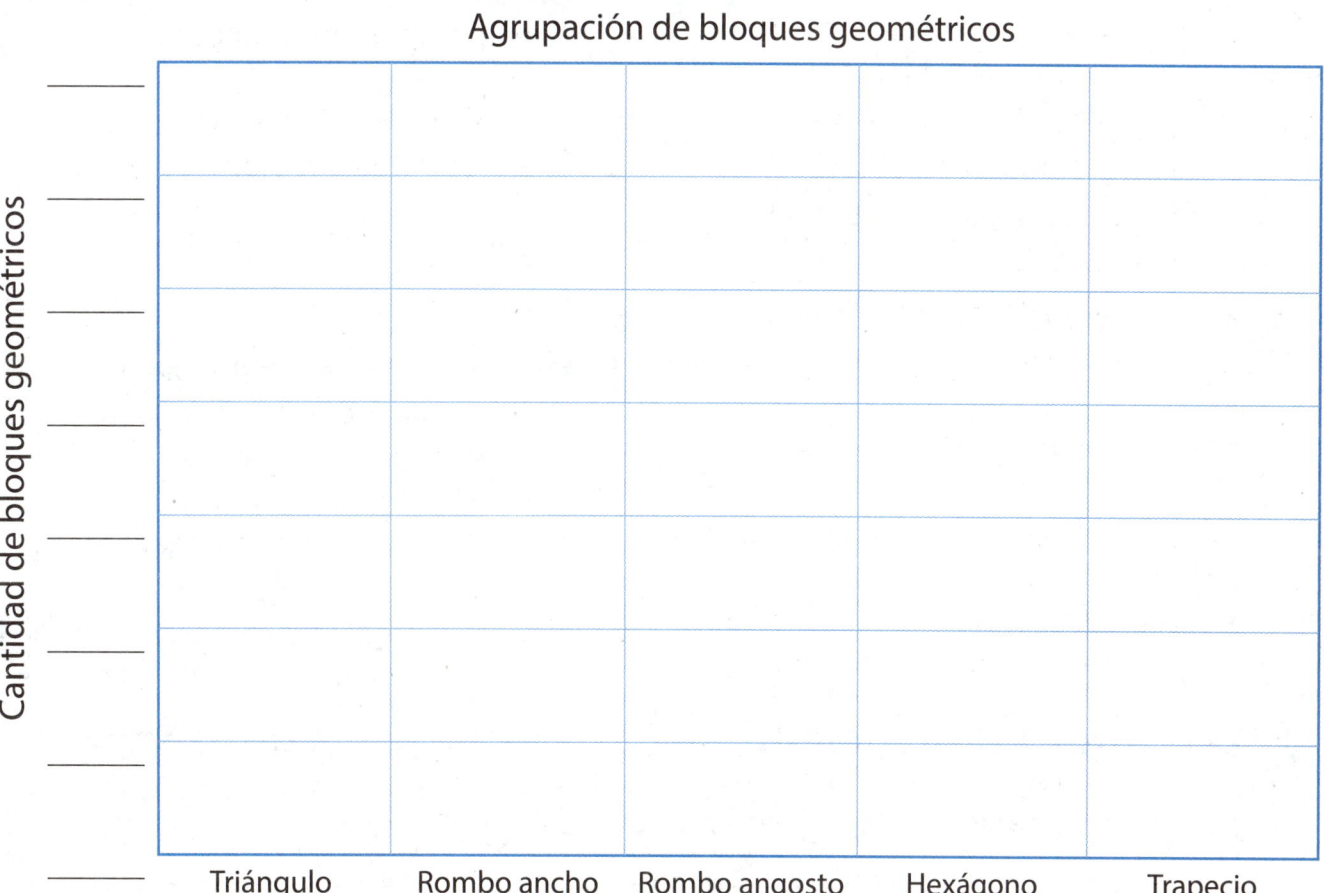

Agrupación de bloques geométricos

Cantidad de bloques geométricos

Triángulo   Rombo ancho   Rombo angosto   Hexágono   Trapecio

Forma del bloque geométrico

setenta y nueve 79

Cajas matemáticas

Lección 3-7
FECHA   HORA

1 Completa los números que faltan.

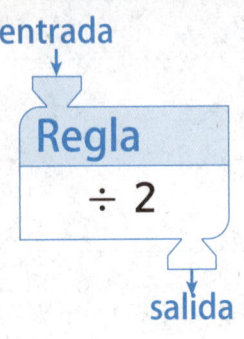

entrada	salida
4	
10	
	9
	50

2 Redondea cada sumando a la decena más cercana para hacer una estimación. Luego resuelve.

Unidad

Estimación: _____

```
   4 7 2
 +   5 9
```

Piensa:
¿Tiene sentido mi respuesta?

3 Morgan tiene 5 paquetes de 6 galletas saladas. Regala 2 paquetes. ¿Cuántas galletas le quedan? Escribe modelos numéricos para mostrar tu razonamiento.

Modelos numéricos: _____

_____

Respuesta: _____
(unidad)

4 Hay 20 jaulas, con 1 conejo en cada una. ¿Cuántos conejos hay en total?

_____ conejos

Escribe un modelo numérico de multiplicación que corresponda a la historia.

_____

5 **Escritura/Razonamiento** Hay 20 jaulas de conejos, con 0 conejos en cada una. ¿Cuántos conejos hay en total? _____ conejos

Escribe un modelo numérico de multiplicación y explica cómo representa la historia.

Crear una gráfica ilustrada a escala

Lección 3-8

FECHA   HORA

Mensaje matemático

Copia en la siguiente tabla tus datos sobre los bloques geométricos de la página 79 del diario.

Triángulo	Rombo ancho	Rombo angosto	Hexágono	Trapecio

Título: _____

Clave: Cada ____ = _____ bloques geométricos

ochenta y uno 81

Dibujar una gráfica ilustrada a escala

Lección 3-8

FECHA   HORA

La Escuela Kellogg organizó un lavadero de carros para el fin de semana. Usa los datos de la tabla de conteo y la clave para completar la gráfica ilustrada a continuación. Puedes consultar las páginas 193 y 194 de tu *Libro de consulta del estudiante*.

Cantidad de carros lavados	
Día	Cantidad de carros
viernes	//// ///
sábado	//// //// //// /
domingo	//// //// ////

Cantidad de carros lavados

viernes □ □
sábado
domingo

Clave: Cada □ = 4 carros

① ¿Por qué hay 2 rectángulos junto al viernes?

_____

_____

② ¿Cómo calculaste cuántos símbolos de carros debías dibujar para el domingo?

_____

_____

_____

82   ochenta y dos

Cajas matemáticas

Lección 3-8
FECHA   HORA

① La temperatura máxima durante la primavera, en Seattle es de 63 °F. La temperatura mínima normal es 17 grados menos. ¿Cuál es la temperatura mínima normal?

Modelo numérico: _____

Respuesta: _____ °F

② Nombra algo del salón de clases que tenga una masa de alrededor de 1 kilogramo.

_____

¿Cómo lo sabes?

_____

③ Tenemos 20 sillas. En cada mesa hay 5 sillas. ¿Cuántas mesas hay? Puedes hacer un dibujo.

Rellena el círculo que está junto a la respuesta correcta.

- Ⓐ 3 mesas
- Ⓑ 4 mesas
- Ⓒ 6 mesas
- Ⓓ 10 mesas

④ Completa el Triángulo de operaciones. Escribe la familia de operaciones.

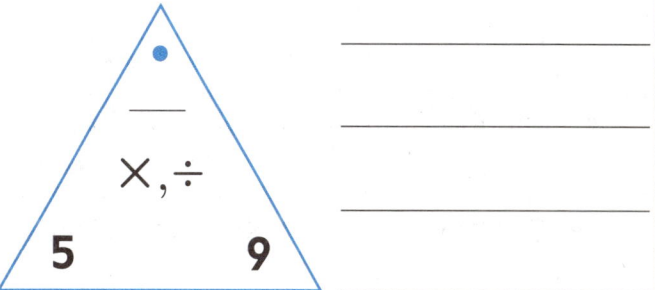

_____
_____
_____
_____

⑤

¿Qué hora es? _____

¿Qué hora será dentro de 45 minutos? _____

⑥ Una pelota de béisbol tiene una masa de alrededor de 142 gramos. Una pelota de tenis, una masa de alrededor de 57 gramos. ¿Alrededor de cuántos gramos más que la pelota de tenis pesa la pelota de béisbol?

_____
(modelo numérico con el signo ?)

Respuesta: _____
(unidad)

ochenta y tres   83

Entender las historias de números

Lección 3-8
FECHA   HORA

1. Hay 4 galletas saladas en cada paquete. Compras 3 paquetes y le das 1 a tu amigo. ¿Cuántas galletas saladas te quedan?

- ¿Qué sabes a partir del problema? _____

  _____

- ¿Qué debes hallar? _____

- ¿Cuál es tu plan? _____

  _____

- ¿Qué haces primero? _____

  _____

  Escribe un modelo numérico para este paso: _____

- ¿Qué haces a continuación? _____

  _____

  Escribe un modelo numérico para el segundo paso: _____

  Quedan _____ galletas saladas.

- ¿Cómo sabes que tu respuesta tiene sentido? _____

  _____

84 ochenta y cuatro

Entender las historias de números (continuación)

Lección 3-8
FECHA   HORA

2 Cada paquete de galletas saladas cuesta 30 ¢. Tienes $1 (100 ¢). ¿Cuánto vuelto recibirás si compras 3 paquetes?

- ¿Qué sabes a partir del problema? _____
_____

- ¿Qué debes hallar? _____
_____

- ¿Cuál es tu plan? _____
_____

- ¿Qué haces primero? _____

    Escribe un modelo numérico para este paso: _____

- ¿Qué podrías hacer a continuación? _____
_____

    Escribe un modelo numérico para el segundo paso: _____

    Quedan _____ ¢.

- ¿Cómo sabes que tu respuesta tiene sentido? _____
_____
_____

ochenta y cinco   85

Explorar matrices con factores iguales

Lección 3-9

FECHA   HORA

Trabaja con un compañero.

Materiales
☐ papel cuadriculado de 1 centímetro (*Originales para reproducción*, página TA19)
☐ cubos de un centímetro
☐ cinta

Instrucciones

1. Elige un número del 1 al 10. Usa cubos de un centímetro para construir una matriz con esa cantidad de filas y la misma cantidad de columnas.

2. Anota la matriz en papel cuadriculado de 1 centímetro. Usa X o colores en cada cuadrado. Escribe una oración numérica de multiplicación debajo de cada matriz. Ejemplo:

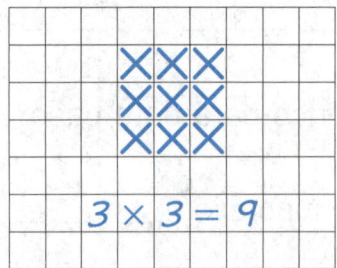

3. Repite los Pasos 1 y 2 con, al menos, dos números más. Tal vez necesites unir pedazos de papel cuadriculado con cinta adhesiva para hacer las matrices más grandes.

4. Mira las matrices que hiciste. ¿En qué se parecen? ¿En qué se diferencian?

86   ochenta y seis

Cajas matemáticas

Lección 3-9
FECHA   HORA

1 Amy llegó a la biblioteca a la 1:10 p. m. Se fue a la 1:55 p. m. ¿Cuánto tiempo estuvo en la biblioteca?

Puedes usar tu reloj de la caja de herramientas o dibujar una recta numérica abierta.

Respuesta: _____
(unidad)

2 Completa los números que faltan.

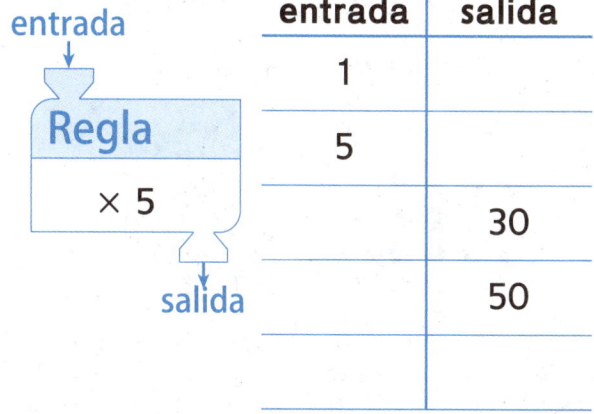

entrada	salida
1	
5	
	30
	50

3 Redondea a la decena más cercana para hacer una estimación. Luego resuelve.

Unidad

Estimación: _____

```
  1 2 7
-   3 9
```

Piensa: ¿Tiene sentido mi respuesta?

4 Usa los siguientes puntos para dibujar una matriz de 4 por 6.

. . . .
. . . .
. . . .
. . . .
. . . .
. . . .
. . . .

Escribe una oración numérica que coincida con tu matriz.

_____

5 **Escritura/Razonamiento** Escribe una historia de números que corresponda a la matriz del Problema 4.

ochenta y siete

Una regla de multiplicación

Lección 3-10

FECHA   HORA

Lanza un dado dos veces para obtener 2 factores. Dibuja una matriz usando esos 2 factores y anota una oración numérica que la represente. Intercambia los factores y anota una matriz y una oración numérica que coincidan.

Ejemplo: Lanzo un 3 y un 4:

Primera matriz

$3 \times 4 = 12$

Segunda matriz

$4 \times 3 = 12$

① Factores que estoy usando: _____ y _____

Primera matriz

Oración numérica:
_____

Segunda matriz

Oración numérica:
_____

② Factores que estoy usando: _____ y _____

Primera matriz

Oración numérica:
_____

Segunda matriz

Oración numérica:
_____

¿Qué observas sobre cada par de matrices? _____

_____

Cajas matemáticas

Lección 3-10
FECHA   HORA

1 Forma grupos iguales.

14 días son _____ semanas.

Modelo numérico de división:

_____

35 días son _____ semanas.

Modelo numérico de división:

_____

LCE 39-40

2 Escribe cada número en forma desarrollada.

498 _____

901 _____

650 _____

762 _____

LCE 99

3 Multiplica.

_____ = 2 × 9

9 × 1 = _____

9 × 5 = _____

_____ = 0 × 9

10 × 9 = _____

LCE 44, 46

4 Resuelve.

672 + 95 = ?

Rellena el círculo que está junto a la respuesta correcta.

Ⓐ 623   Ⓑ 667

Ⓒ 727   Ⓓ 767

Piensa: ¿Tiene sentido mi respuesta?

Unidad

LCE 116-118

5 Usa datos de la tabla de conteo para completar la gráfica ilustrada.

Nombre	Venta de entradas
Rachel	‖‖‖‖ ‖‖‖‖ ‖‖‖‖
Anna	‖‖‖‖ ‖‖‖‖
Chris	‖‖‖‖ ‖‖‖‖ ‖‖‖‖ ‖‖‖‖
Dane	‖‖‖‖

Venta de entradas

Rachel |
Anna |
Chris |
Dane |

Clave: Cada ☐ = 5 entradas

LCE 193-194

ochenta y nueve 89

Sumar un grupo

Lección 3-11

FECHA   HORA

① Haz un dibujo para mostrar 2 filas de 7 frascos cada una.
¿Cuántos frascos hay en total?

Modelo numérico de multiplicación: _____ × _____ = _____

Usa un lápiz de color para agregar otra fila de frascos y así mostrar
3 filas de 7 frascos.

Agregué un grupo de _____ frascos.

Escribe un modelo numérico para describir tu nuevo dibujo.

_____

¿Cómo te ayudó saber cuánto es 2 × 7 para calcular 3 × 7?

_____

_____

_____

Sumar un grupo (continuación)

Lección 3-11
FECHA   HORA

2 Supón que no sabes la respuesta a 6 × 3 = ?

Operación de ayuda: 5 × 3 = _____

Usa ilustraciones, números o palabras para mostrar cómo puedes usar 5 × 3 como ayuda para calcular 6 × 3. Resuelve.

6 × 3 = _____

Inténtalo

Escribe una operación cuyo resultado no conozcas. Luego escribe una operación de ayuda para que puedas resolverla.

Operación: _____ × _____ = ?

Operación de ayuda: _____ × _____ = _____

Usa ilustraciones, números o palabras para mostrar cómo puedes usar tu operación de ayuda para resolver otra operación. Resuelve.

_____ × _____ = _____

noventa y uno   91

Cajas matemáticas: Avance de la Unidad 4

Lección 3-11

FECHA   HORA

1) Mide la longitud de tu pulgar a la pulgada más cercana.

alrededor de _____ pulgadas

Vuelve a medirlo a la media pulgada más cercana.

alrededor de _____ pulgadas

LCE 171-172

2) Divide el rectángulo en 2 filas de 4 cuadrados del mismo tamaño.

¿Cuántos cuadrados hay dentro del rectángulo más grande?

_____ cuadrados

LCE 176-177

3) Escribe al menos 2 características que describan esta figura. Usa lenguaje matemático.

_____

_____

_____

LCE 216

4) ☐ = 1 centímetro cuadrado. Cuenta los cuadrados.

Área: _____ centímetros cuadrados

LCE 176-177

5) Escritura/Razonamiento Describe al menos dos maneras de calcular la cantidad de cuadrados que hay en el rectángulo del Problema 2.

92 noventa y dos

Restar un grupo

Lección 3-12

FECHA   HORA

1 Haz un dibujo para mostrar 10 carros de juguete con 4 ruedas. ¿Cuántas ruedas hay en total?

Modelo numérico de multiplicación: _____ × _____ = _____

Usa un lápiz de color para cambiar tu dibujo y mostrar la cantidad de ruedas de **9 carros de juguete** con 4 ruedas.

Explica qué hiciste.

_____
_____
_____

Escribe un modelo numérico para describir tu nuevo dibujo.

_____

¿Cómo te ayudó saber cuánto es 10 × 4 para calcular 9 × 4?

_____
_____

noventa y tres 93

Restar un grupo (continuación)

Lección 3-12
FECHA   HORA

2 Supón que no sabes la respuesta a 4 × 7 = ?

Operación de ayuda: 5 × 7 = _____

Usa dibujos, números o palabras para mostrar cómo puedes usar 5 × 7 como ayuda para calcular 4 × 7. Resuelve.

4 × 7 = _____

Inténtalo

Escribe una operación que no sepas. Luego escribe una operación de ayuda para que puedas resolverla.

Operación: ___ × ___

Operación de ayuda: ___ × ___ = ___

Usa dibujos, números o palabras para mostrar cómo puedes usar tu operación de ayuda para resolver una operación desconocida. Resuelve.

___ × ___ = ___

Cajas matemáticas

Lección 3-12
FECHA   HORA

① Luis fue a la casa de su primo a las 9:05 a. m. Se quedó 45 minutos. ¿A qué hora se fue de la casa de su primo? Puedes usar tu reloj de la caja de herramientas o dibujar una recta numérica abierta.

Respuesta: _____
(unidad)

② Completa los números que faltan.

entrada	salida
0	
	10
8	
	100

③ Redondea a la centena más cercana para hacer una estimación. Luego resuelve.

Unidad

Estimación:
_____

```
  2 4 5
-  1 3 3
```

Piensa: ¿Tiene sentido mi respuesta?

④ Usa los siguientes puntos para mostrar una matriz de 3 por 7.

. . . .
. . . .
. . . .
. . . .
. . . .
. . . .
. . . .

Escribe una oración numérica que corresponda a tu matriz.
_____

⑤ **Escritura/Razonamiento** Explica cómo puedes usar tu estimación para verificar tu respuesta al Problema 3.

noventa y cinco 95

Cajas de coleccionar nombres

Lección 3-13

FECHA   HORA

Trabaja con un compañero o compañera. Usa la suma, la resta, la multiplicación y la división para representar de distinta manera los números.

1 Escribe al menos 10 representaciones en la caja.

20

2 Hay tres representaciones que no pertenecen a esta caja. Táchalas. Luego escribe el nombre de la caja en la pestaña.

Catorce

10 + 6

10 menos que 26

10 − 6

8 veces dos

4 + 4 + 4

la mitad de 32

10 + 2 − 4 + 6 − 8 + 10

Haz este ejercicio solo.

3 Escribe, al menos, 10 representaciones en la caja.

24

Haz este ejercicio solo.

4 Crea tu propia caja. Escribe, al menos, 10 representaciones.

Cajas matemáticas

Lección 3-13
FECHA   HORA

1 Haz grupos iguales.

30 días son _____ semanas.

Sobran _____ días.

Modelo numérico de división:

_____

LCE 39-40

2 La forma desarrollada de 807 podría ser:

Rellena el círculo que está junto a la(s) respuesta(s) correcta(s).

Ⓐ 800 + 0 + 7

Ⓑ 800 + 70

Ⓒ 800 + 7

Ⓓ 800 + 10 + 7

LCE 98

3 Resuelve.

_____ = 3 × 3

4 × 4 = _____

5 × 5 = _____

_____ = 7 × 7

8 × 8 = _____

LCE 44

4 Redondea a la centena más cercana para estimar. Luego resuelve.

Unidad

Estimación: _____

$$\begin{array}{r} 3\,4\,5 \\ +\,4\,5\,9 \\ \hline \end{array}$$

Piensa: ¿Tiene sentido mi respuesta?

LCE 106-107, 116-118

5 Usa los datos de la tabla de conteo para completar la gráfica ilustrada.

Días de recolección	Cantidad de botellas
lunes	|||| |||| |||| |||| ||||
martes	|||| ||||
miércoles	|||| |||| ||||
jueves	|||| |||| |||| |||| |||| ||||

Cantidad de botellas recolectadas

lunes
martes
miércoles
jueves

Clave: ☐ = 10 botellas recolectadas

LCE 193

noventa y siete 97

Cajas matemáticas: Avance de la Unidad 4

Lección 3-14

FECHA   HORA

1 Mide la longitud de tu calculadora a la media pulgada más cercana.

alrededor de _____ pulgadas

alrededor de _____ centímetros

LCE 171-172

2 Divide el rectángulo en 3 filas de 4 cuadrados del mismo tamaño.

¿Cuántos cuadrados hay dentro del rectángulo más grande?

_____ cuadrados

LCE 176-177

3 Escribe al menos 2 características que describan esta figura. Usa lenguaje matemático.

_____

_____

_____

LCE 210

4 Cada ☐ = 1 centímetro cuadrado

Cuenta los cuadrados para hallar el área.

Área: _____ centímetros cuadrados

LCE 176-177

5 **Escritura/Razonamiento** Allie dijo que la figura del Problema 3 es un cuadrilátero. ¿Estás de acuerdo? Explica.

LCE 216-217

98   noventa y ocho

Medir segmentos de recta

Lección 4-1
FECHA   HORA

Usa la Regla A para medir cada segmento de recta a la pulgada (pulg.) más cercana.

Usa la Regla B para medir cada segmento de recta al centímetro (cm) más cercano.

Regla A   **Regla B**

① _____

alrededor de _____ pulg.   alrededor de _____ cm

② _____

alrededor de _____ pulg.   alrededor de _____ cm

Usa la Regla A para medir cada segmento de recta a la $\frac{1}{2}$ pulgada (pulg.) más cercana.

Usa la regla B para medir cada segmento de recta al centímetro (cm) más cercano.

Regla A   **Regla B**

③ _____

alrededor de _____ pulg.   alrededor de _____ cm

④ _____

alrededor de _____ pulg.   alrededor de _____ cm

⑤ _____

alrededor de _____ pulg.   alrededor de _____ cm

⑥ Explica cómo usaste la Regla A para medir a la $\frac{1}{2}$ pulgada más cercana en el Problema 3.

_____

_____

_____

noventa y nueve 99

Reglas inusuales

Lección 4-1
FECHA   HORA

Mira las reglas. Piensa en cuáles te pueden ayudar a hacer mediciones correctas. Luego, responde las preguntas.

Regla 1
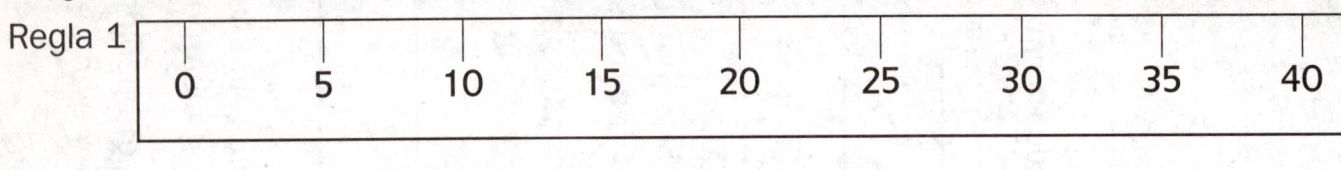

Regla 2
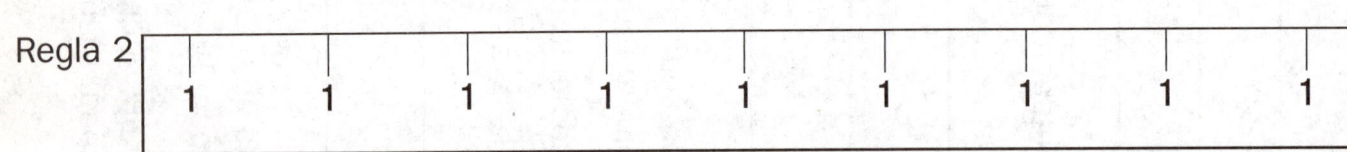

Regla 3
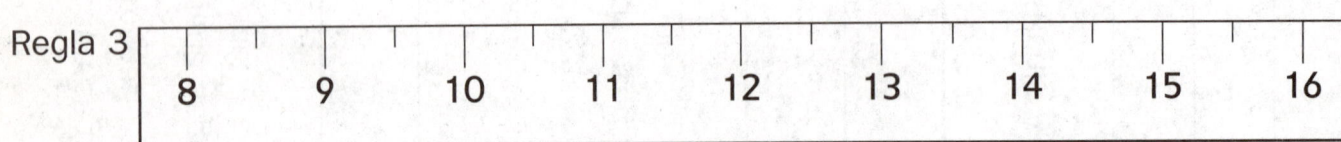

Regla 4
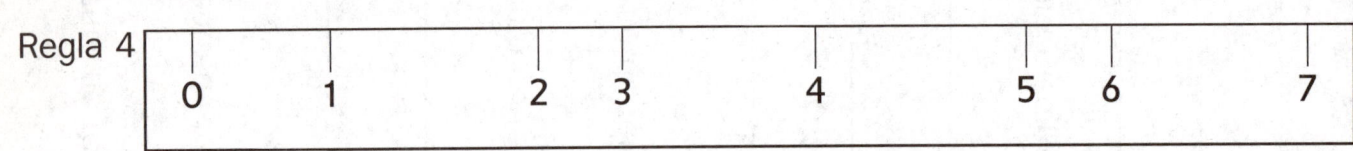

① ¿Qué reglas puedes usar para medir con precisión? ¿Cuáles no se pueden usar? Explica tus respuestas.

_____

_____

② ¿Cómo podrías usar la regla 2 para medir la longitud de un lápiz?

_____

_____

_____

③ ¿Cuál de las reglas anteriores se podría usar para hacer mediciones más precisas?

_____

Historias de números con longitud

Lección 4-1

FECHA   HORA

Lee cada historia de números. Piensa en los pasos que necesitas seguir para resolverlas. Puedes hacer dibujos para ayudarte. Escribe modelos numéricos para mostrar tu razonamiento.

1 El señor Miller está construyendo un corral para perros y necesita 42 pies de vallado. Tiene 2 trozos de vallado de 12 pies de largo cada uno. ¿Cuántos pies más necesita?

Modelos numéricos: _____

_____

Respuesta: _____
(unidad)

2 Trey corre 3 millas, 5 días a la semana. ¿Cuántas millas corre en 2 semanas?

Modelos numéricos: _____

_____

Respuesta: _____
(unidad)

Inténtalo

3 Hacen falta 3 pies de tela para hacer un portafolio y 2 pies de tela para hacer sus correas. Lola tiene 25 pies de tela. ¿Cuántos portafolios con correas puede hacer?

Modelos numéricos: _____

_____

Respuesta: _____
(unidad)

ciento uno 101

Cajas matemáticas

Lección 4-1

FECHA   HORA

① La clase de tercer grado empieza a almorzar a las 10:55 a. m. Tienen 40 minutos para comer. ¿A qué hora termina el almuerzo?

_____

② Escribe los números que faltan.

entrada

Regla
÷ 5

salida

entrada	salida
5	
	2
25	
	6
45	

③ En una nidada de lagarto había 82 huevos. 19 lagartos no nacieron. ¿Cuántos nacieron?

_____
(modelo numérico con el signo ?)

Respuesta: _____
(unidad)

④ Usa esta matriz para mostrar cómo puede ayudarte 5 × 3 a calcular 6 × 3.

Operación de ayuda: 5 × 3 = 15

6 × 3 = _____

⑤ **Escritura/Razonamiento** ¿Qué estrategia podrías usar para verificar tu respuesta al Problema 3?

102   ciento dos

Datos sobre longitudes de zapatos

Lección 4-2

FECHA   HORA

Mira las medidas en las notas adhesivas.

① ¿Cuál es la longitud del zapato más corto en tu clase? _____

② ¿Cuál es la longitud del zapato más largo en tu clase? _____

Usa los datos sobre las longitudes de los zapatos de tu clase para completar el diagrama de puntos.

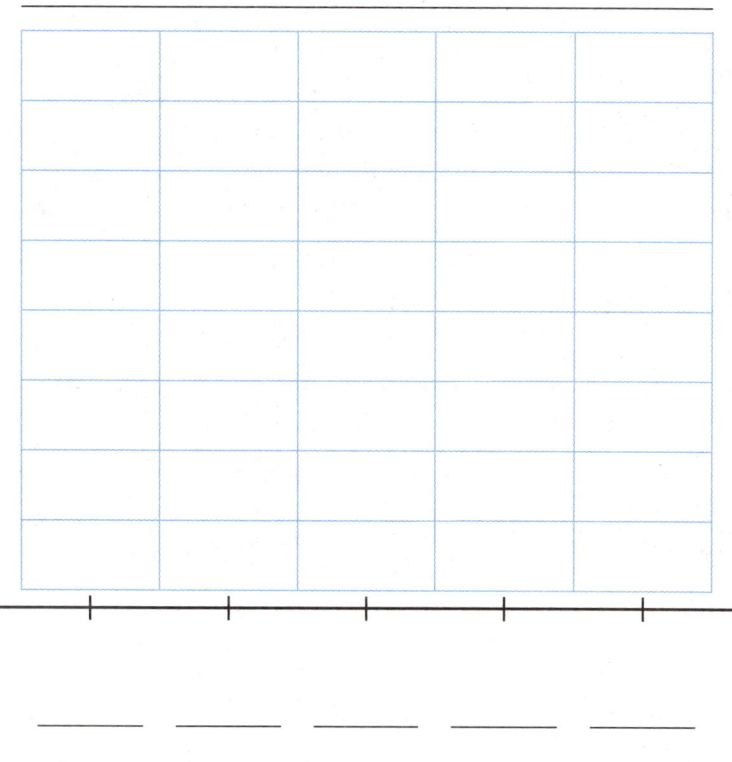

③ Si compraras tenis para tu clase, ¿qué longitudes comprarías en mayor cantidad? ¿Por qué?

_____

_____

ciento tres   103

Longitud de los zapatos de cuarto grado

Lección 4-2
FECHA   HORA

Una clase de cuarto grado usará sus datos sobre la longitud de sus zapatos para comprar tenis para todo cuarto grado. Usa el diagrama de puntos para responder las preguntas.

Longitud de los zapatos de cuarto grado

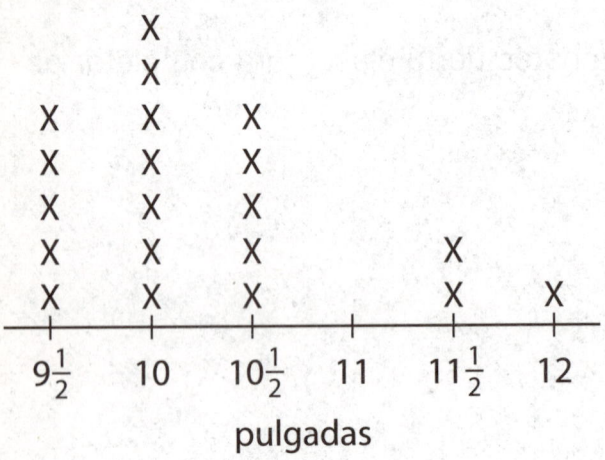

pulgadas

1. ¿Cuántos estudiantes hay en esta clase? _____

   ¿Cómo lo sabes? _____

   _____

2. ¿Cuál es la mayor (máxima) longitud de los zapatos? _____

3. ¿Cuál es la menor (mínima) longitud de los zapatos? _____

Inténtalo

4. Aubrey cree que la clase debería comprar algunos pares de zapatos de 11 pulgadas de largo, aunque nadie en la clase tiene ese talle. ¿Estás de acuerdo? Explica.

   _____

   _____

   _____

   _____

Crear una gráfica ilustrada

Lección 4-2

FECHA   HORA

La tabla de la derecha muestra la nevada anual promedio, en pulgadas, para cinco de las ciudades más grandes de EE. UU. que reciben al menos 5 pulgadas de nieve por año.

Dibuja un símbolo en la línea que está junto a "CLAVE" para mostrar 5 pulgadas de nieve. Usa la clave y los datos de la tabla para completar la gráfica ilustrada.

Ciudad	Nevada anual promedio
Nueva York	30 pulgadas
Chicago	40 pulgadas
Filadelfia	20 pulgadas
Detroit	40 pulgadas
Indianapolis	25 pulgadas

Escribe un título para tu gráfica ilustrada.

Título: _____

[Gráfica ilustrada con filas: Nueva York, Chicago, Filadelfia, Detroit, Indianapolis]

CLAVE: _____ = 5 pulgadas de nieve

① Mira la gráfica ilustrada. ¿Cuánto más que en Indianápolis nieva, en promedio, en Chicago? _____ pulgadas

② Escribe otra pregunta que se pueda responder a partir de la gráfica ilustrada.

_____

_____

_____

Ciento cinco   105

Cajas matemáticas

Lección 4-2
FECHA   HORA

1. La mamá de Santiago duplica su mesada de $10 cuando él hace tareas adicionales. Santiago gasta $5. ¿Cuánto dinero le queda?

Modelos numéricos:

_____

Respuesta: _____
(unidad)

LCE 30-31

2.

30	30 ÷ 1
	20 + 10
	6 × 5

¿Qué otras representaciones pueden ir en la caja de coleccionar nombres? Encierra en un círculo todas las que corresponden.

A. 5 × 6   **B.** 3 × 10

C. 59 − 19   **D.** 15 + 15

LCE 96-97

3. Usa la matriz de 5 por 6 para mostrar cómo puedes usar 5 × 6 como ayuda para calcular 4 × 6.

Operación de ayuda: 5 × 6 = 30

4 × 6 = _____

LCE 48

4. Redondea a la decena más cercana y haz una estimación.
Luego, resuelve.

Estimación:

_____

```
  1 4 2
−   7 8
```

Unidad

Piensa:
¿Tiene sentido mi respuesta?

LCE 106, 119, 122-123

5. Usa los datos de la tabla de conteo para completar la gráfica ilustrada.

Sabor de pizza preferido	Cantidad de votos
Hongos	////
Queso	ℍℍ ℍℍ
Pepperoni	ℍℍ //
Pimientos verdes	///

Sabor de pizza preferido

Hongos
Queso
Pepperoni
Pimientos verdes

Clave: ◯ = 2 votos

¿Cuántos niños más escogieron el queso que los que eligieron los hongos y los pimientos verdes juntos? _____

LCE 193-194

106   ciento seis

Medir el contorno de un objeto

Lección 4-3
FECHA　　HORA

Mide el contorno de algunos objetos pequeños y grandes a la $\frac{1}{2}$ pulgada más cercana.

1. Objeto: _____ Medida: alrededor de _____ pulgadas

2. Objeto: _____ Medida: alrededor de _____ pulgadas

3. Objeto: _____ Medida: alrededor de _____ pulgadas

4. Objeto: _____ Medida: alrededor de _____ pulgadas

5. Objeto: _____ Medida: alrededor de _____ pulgadas

6. Objeto: _____ Medida: alrededor de _____ pulgadas

7. ¿Cómo medirías el contorno de un cartel como el siguiente?

_____

_____

_____

ciento siete 107

Comparar pesas

Lección 4-3
FECHA   HORA

Usa la balanza de platillos y un conjunto de pesas estándar para hallar objetos que tengan las siguientes masas:

alrededor de 1 gramo _____

alrededor de 50 gramos _____

alrededor de 100 gramos _____

alrededor de 500 gramos _____

alrededor de 1,000 gramos _____

Halla otro objeto en tu clase que tenga aproximadamente la misma masa que una de tus pesas estándar.

Objeto: _____   Masa: alrededor de _____ gramos

Escoge uno de los objetos mencionados arriba. Explica cómo puedes usarlo para estimar la masa de otro objeto.

_____
_____
_____
_____

Cajas matemáticas

Lección 4-3
FECHA   HORA

1) Los estudiantes de tercer grado tienen 25 minutos de recreo. Si el recreo empieza a las 12:40 p. m., ¿a qué hora termina?

_____

2) Escribe los números que faltan.

entrada →
Regla
salida ↓

entrada	salida
10	1
20	
40	4
	5
100	

3) Luca tenía $261 en el banco. Retiró dinero para comprar una bicicleta. Le quedaron $109. ¿Cuánto costó la bicicleta? Puedes hacer un diagrama.

_____
(modelo numérico con el signo ?)

Respuesta: _____
          (unidad)

4) Usa esta matriz para mostrar cómo puede ayudarte 5×4 a calcular 6×4.

× × × ×
× × × ×
× × × ×
× × × ×
× × × ×

Operación de ayuda: $5 \times 4 = 20$

$6 \times 4 =$ _____

5) Escritura/Razonamiento ¿De qué manera la operación de ayuda, $5 \times 4 = 20$, podría servirte para calcular 4×4 en el Problema 4?

ciento nueve   109

¿Cuál no pertenece?

Lección 4-4

FECHA   HORA

Mensaje matemático

1. Mira las siguientes cuatro figuras. Encierra en un círculo la figura que es diferente.

  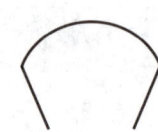 

Explica tu respuesta.

_____
_____
_____

2. Mira las siguientes cuatro figuras. Encierra en un círculo la figura que es diferente.

   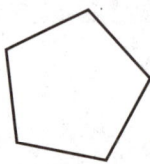

Explica tu respuesta.

_____
_____
_____

110   ciento diez

Cajas matemáticas

Lección 4-4
FECHA   HORA

1 Alex tenía 6 paquetes de 6 lápices. Regaló 1 paquete. ¿Cuántos lápices tiene ahora? Escribe modelos numéricos para ayudarte a explicar tu razonamiento.

Modelos numéricos:

_____

Respuesta: _____
(unidad)

2 Hay tres representaciones que no pertenecen. Táchalas. Luego, escribe el nombre de la caja en la pestaña.

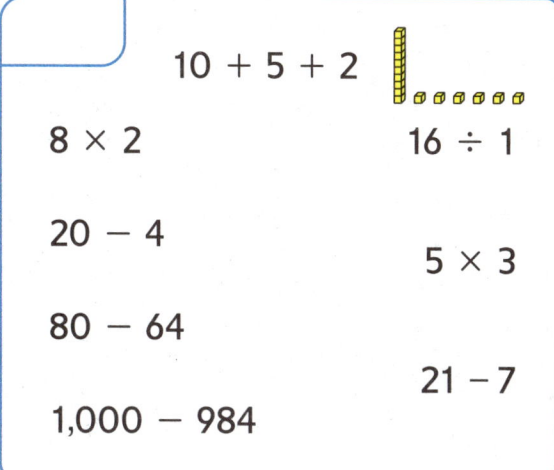

$10 + 5 + 2$

8×2 $16 \div 1$

$20 - 4$

5×3

$80 - 64$

$21 - 7$

$1{,}000 - 984$

3 Muestra cómo usar 5×7 para calcular 4×7.

```
× × × × × × ×
× × × × × × ×
× × × × × × ×
× × × × × × ×
× × × × × × ×
```

Operación de ayuda:
$5 \times 7 = 35$

$4 \times 7 =$ _____

4 Resta.
$332 - 159 = ?$

 173   183

○ 273   ○ 227

Piensa: ¿Tiene sentido mi respuesta?

5 Usa los datos de la tabla de conteo para completar la gráfica ilustrada.

Día de la semana	Cantidad de libros
lunes	ＩＩＩＩ ＩＩＩＩ ＩＩＩＩ ＩＩＩＩ ＩＩＩＩ ＩＩＩＩ
martes	ＩＩＩＩ ＩＩＩＩ ＩＩＩＩ ＩＩＩＩ ＩＩＩＩ
miércoles	ＩＩＩＩ ＩＩＩＩ ＩＩＩＩ ＩＩＩＩ
jueves	ＩＩＩＩ ＩＩＩＩ ＩＩＩＩ
viernes	ＩＩＩＩ ＩＩＩＩ

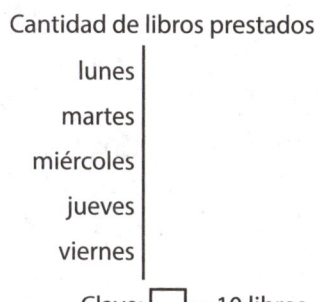

Cantidad de libros prestados

lunes
martes
miércoles
jueves
viernes

Clave: ☐ = 10 libros

¿Cuántos libros más que el viernes se prestaron el miércoles y el jueves juntos?

_____
(unidad)

ciento once   111

Relaciones entre cuadriláteros

Lección 4-5

FECHA   HORA

1. Dibuja a continuación dos cuadriláteros. Anota en las líneas el tipo de cuadriláteros que son.

   _____   _____

   ¿Qué atributos tienen en común tus cuadriláteros?
   _____
   _____

   ¿Qué atributos son diferentes?
   _____
   _____

2. Dibuja a continuación dos cuadriláteros más. Anota en las líneas el tipo de cuadriláteros que son.

   _____   _____

   ¿Qué atributos tienen en común tus cuadriláteros?
   _____
   _____

   ¿Qué atributos son diferentes?
   _____
   _____

Cajas matemáticas

Lección 4-5
FECHA   HORA

1 Redondea a la centena más cercana y haz una estimación. Luego, resuelve. Muestra tu trabajo.

Unidad

Estimación: _____

```
   6 1 9
 + 1 0 3
 ———————
```

Piensa: ¿Tiene sentido mi respuesta?

2 Dibuja una matriz que tenga 6 filas y 6 X en cada fila. Escribe una oración numérica para tu matriz.

Oración numérica:

_____

3 Dibuja una matriz de 2 por 5. Luego, dibuja una matriz de 5 por 2.

Completa las oraciones numéricas.

2 × 5 = _____   5 × 2 = _____

4 Mide la longitud de este segmento de recta al centímetro más cercano. Escoge la respuesta correcta.

_____

○ alrededor de 3 centímetros

○ alrededor de 6 centímetros

○ alrededor de 7 centímetros

○ alrededor de 10 centímetros

5 **Escritura/Razonamiento** ¿En qué se parecen tus matrices del Problema 3? ¿En qué se diferencian?

ciento trece 113

Medir el perímetro de polígonos

Lección 4-6

FECHA   HORA

Mide los lados de cada polígono a la media pulgada más cercana.

Usa las longitudes de los lados para hallar los perímetros.

Escribe una oración numérica para mostrar cómo hallaste cada uno.

 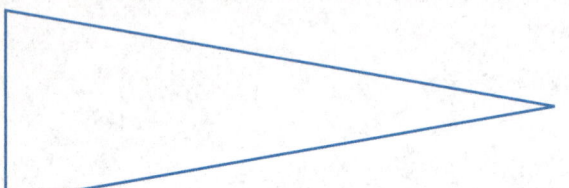

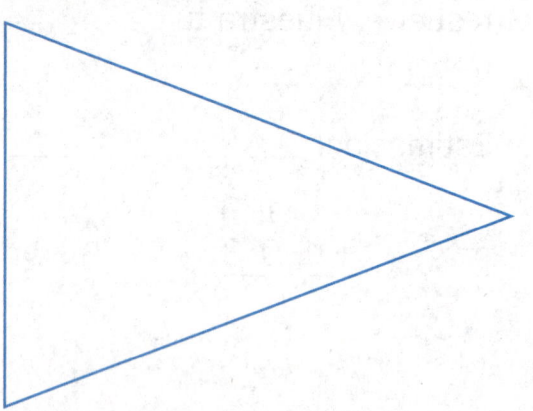

Oración numérica: _____

Perímetro: alrededor de _____ pulgadas

Oración numérica: _____

Perímetro: alrededor de _____ pulgadas

Oración numérica: _____

Perímetro: alrededor de _____ pulgadas

Oración numérica: _____

Perímetro: alrededor de _____ pulgadas

Inténtalo

 Dibuja cada figura en la cuadrícula de centímetros.

cuadrado con perímetro = 16 cm   rectángulo con perímetro = 20 cm

114   ciento catorce

Historias de perímetros

Lección 4-6

FECHA   HORA

Resuelve cada historia de perímetros. Muestra tu trabajo.

1. La señora McMaster quiere agregar un marco a un tablero de avisos rectangular. La parte superior mide 35 pulgadas de largo y el lado mide 25 pulgadas de alto. ¿Cuánto marco necesita la señora McMaster? Puedes hacer un dibujo.

   Modelo numérico: _____

   La señora McMaster necesita _____ pulgadas de marco.

2. El señor López quiere poner un vallado alrededor de su huerta rectangular. Los lados más largos miden 14 pies y los más cortos miden $9\frac{1}{2}$ pies. ¿Cuánto vallado debe comprar el señor López? Puedes hacer un dibujo.

   Modelo numérico: _____

   El señor López debe comprar _____ pies de vallado.

ciento quince 115

Cajas matemáticas

Lección 4-6
FECHA   HORA

1. Usa tu Plantilla de bloques geométricos. Traza un paralelogramo.

   ¿Qué otro nombre tiene la figura que trazaste?

   _____

2. Redondea a la decena más cercana y haz una estimación. Luego, resuelve. Muestra tu trabajo.

   Unidad

   Estimación: _____

   $$\begin{array}{r} 3\ 0\ 7 \\ -\ 2\ 0\ 9 \\ \hline \end{array}$$

   Piensa:
   ¿Tiene sentido mi respuesta?

3. Haz un dibujo para mostrar $18 \div 2$.

   $18 \div 2 =$ _____

4. Mide el segmento de recta a la $\frac{1}{2}$ pulgada más cercana y al centímetro más cercano.

   _____

   alrededor de _____ pulgadas

   alrededor de _____ centímetros

5. **Escritura/Razonamiento** ¿Cómo sabes si los segmentos de recta de la figura que trazaste en el Problema 1 son paralelos?

Comparar el perímetro y el área

Lección 4-7
FECHA   HORA

Halla el perímetro y el área del rectángulo en los Problemas 1 a 3.

1)

Perímetro: _____ pies

Área: _____ pies cuadrados

Clave: ☐ = 1 pie cuadrado

2)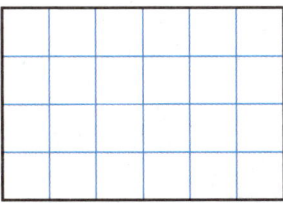

Perímetro: _____ metros

Área: _____ metros cuadrados

Clave: ☐ = 1 metro cuadrado

3)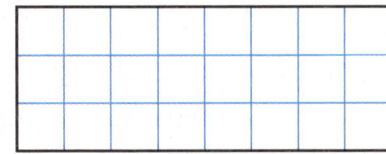

Perímetro: _____ millas

Área: _____ millas cuadradas

Clave: ☐ = 1 milla cuadrada

Inténtalo

4) Halla el perímetro y el área de esta figura.

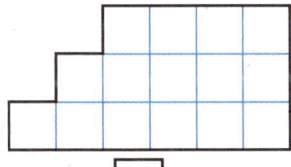

Perímetro: _____ centímetros

Área: _____ centímetros cuadrados

Clave: ☐ = 1 centímetro cuadrado

5) Nicolás dice que puede medir tanto el perímetro como el área de un rectángulo usando un cuadrado. ¿Estás de acuerdo o no? Explica tu respuesta en palabras o con dibujos.

ciento diecisiete   117

Cajas matemáticas

Lección 4-7

FECHA   HORA

1 Resuelve.

328 + 294 = ?

Unidad

◯ 512
◯ 612
◯ 622
◯ 51,112

LCE 116-118

2 Resuelve.

9 = _____ × 3

_____ = 4 × 4

7 × 7 = _____

9 × _____ = 81

LCE 44

3 Dibuja una matriz de 3 por 5. Luego, dibuja una matriz de 5 por 3. Escribe una oración numérica que corresponda a cada matriz.

_____   _____

LCE 45

4 Traza un segmento de recta que mida 7 centímetros de largo.

Traza un segmento de recta que mida 2 centímetros menos.

LCE 168-169

5 **Escritura/Razonamiento** Dibuja una matriz para una de las oraciones numéricas del Problema 2. ¿Qué forma tiene y por qué?

LCE 41, 44

118   ciento dieciocho

Áreas de rectángulos

Lección 4-8
FECHA   HORA

Mensaje matemático

En la siguiente cuadrícula de centímetros, dibuja un rectángulo con lados cortos de 3 centímetros y lados largos de 5 centímetros. Luego, dibuja un segundo rectángulo con lados cortos de 1 centímetro y lados largos de 15 centímetros.

Rotula las longitudes de lado de ambos rectángulos. Calcula y anota el área y el perímetro de cada rectángulo.

= 1 centímetro cuadrado

ciento diecinueve 119

Áreas de rectángulos (continuación)

Lección 4-8
FECHA   HORA

Usa la unidad compuesta coloreada para hallar el área de cada rectángulo.

1)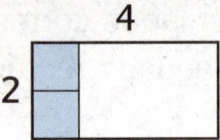

Área: _____ unidades cuadradas

2)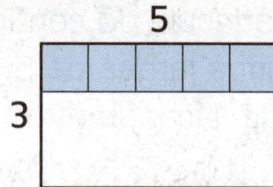

Área: _____ unidades cuadradas

3)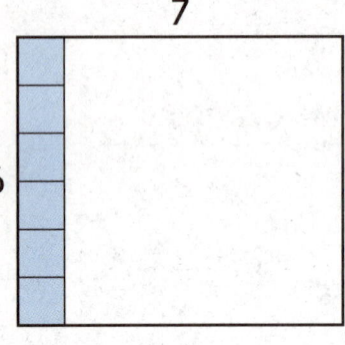

Área: _____ unidades cuadradas

4) Colorea una unidad compuesta que puedas usar para hallar el área de este rectángulo. Tal vez necesites dividir una fila o una columna.

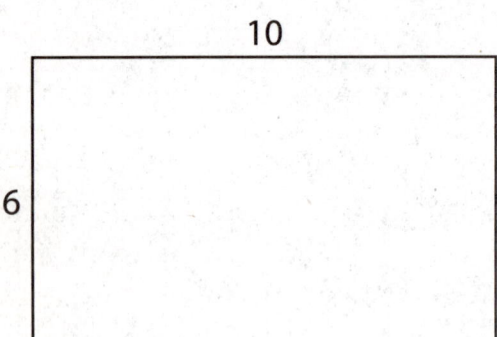

Área: _____ unidades cuadradas

5) Explica qué hiciste para hallar el área en el Problema 4.

_____

_____

_____

120   ciento veinte

Medidas del cuerpo

Lección 4-8
FECHA   HORA

Trabaja con un compañero o compañera para hallar cada medida a la $\frac{1}{2}$ pulgada más cercana.

	Yo	Compañero/a
Fecha	_____	_____
estatura	alrededor de _____ pulg.	alrededor de _____ pulg.
de la rodilla al pie	alrededor de _____ pulg.	alrededor de _____ pulg.
alrededor del cuello	alrededor de _____ pulg.	alrededor de _____ pulg.
de la cadera al piso	alrededor de _____ pulg.	alrededor de _____ pulg.
antebrazo	alrededor de _____ pulg.	alrededor de _____ pulg.
ancho de la mano	alrededor de _____ pulg.	alrededor de _____ pulg.
braza	alrededor de _____ pulg.	alrededor de _____ pulg.

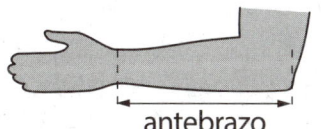
antebrazo

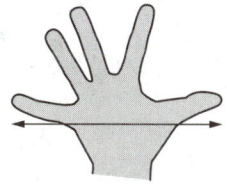
ancho de la mano

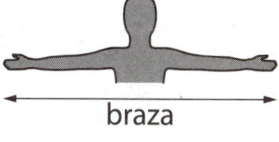
braza

¿Cómo sabes si tus medidas corporales tienen sentido?

_____

_____

_____

ciento veintiuno 121

Cajas matemáticas

Lección 4-8

FECHA　　　　HORA

① Dibuja un cuadrilátero con 4 lados de igual longitud.

Otra forma de nombrar tu cuadrilátero es

_____.

② Redondea a la centena más cercana y haz una estimación.
Luego, resuelve.
Muestra tu trabajo.

Unidad

Estimación:

_____

382 − 259 = _____

Piensa:
¿Tiene sentido mi respuesta?

③ Haz un dibujo para mostrar 20 ÷ 5.

20 ÷ 5 = _____

④ Mide el segmento de recta a la $\frac{1}{2}$ pulgada más cercana y al centímetro más cercano.

_____

alrededor de _____
　　　　　　　　　　(unidad)

alrededor de _____
　　　　　　　　　　(unidad)

⑤ **Escritura/Razonamiento** Explica cómo usaste un instrumento para medir el segmento de recta a la $\frac{1}{2}$ pulgada más cercana en el Problema 4.

122　ciento veintidós

Cajas de coleccionar nombres

Lección 4-9
FECHA   HORA

1 Hay tres representaciones que no pertenecen a esta caja del 100. Márcalas con una X.

100

980 − 880

25 + 25 + 25

80
+ 30
―――

30 + 70

1,000
− 100
―――

63
+ 37
―――

2 veces cincuenta

999
− 899
―――

48 + 52

2 Escribe al menos 10 formas distintas de representar 40.

40

3 Escribe al menos 10 formas distintas de representar 200.

200

4 Escribe al menos 10 formas distintas de representar 1,000.

1,000

ciento veintitrés   123

Áreas de rectángulos

Lección 4-9

FECHA   HORA

Mensaje matemático

Una nube cubre parcialmente este rectángulo. Halla el área de todo el rectángulo.

Área = _____ centímetros cuadrados

Dile a un compañero o compañera cómo hallaste el área. Luego, escucha cómo él o ella halló el área. Prepárate para compartir las ideas de tu compañero o compañera.

Clave: ☐ = centímetro cuadrado

Escucha las instrucciones de tu maestro para los Problemas 1 y 2.

① Dibuja un rectángulo de ___ por ___ .

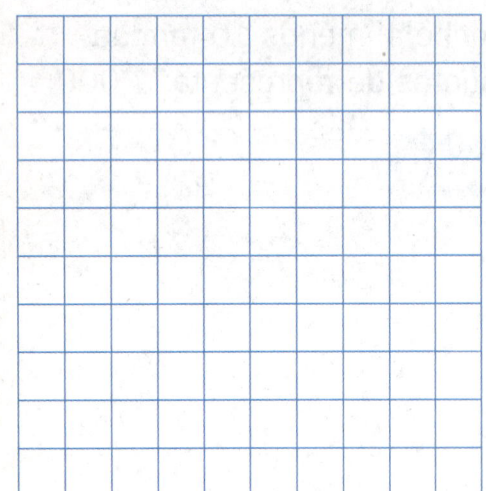

Cantidad de filas: ___

Cantidad de cuadrados por fila: ___

Área = ___ unidades cuadradas

Oración numérica: ___ × ___ = ___

② Dibuja un rectángulo de ___ por ___ .

Cantidad de filas: ___

Cantidad de cuadrados por fila: ___

Área = ___ unidades cuadradas

Oración numérica: ___ × ___ = ___

Áreas de rectángulos (continuación)

Lección 4-9

FECHA   HORA

Completa los espacios en blanco.

1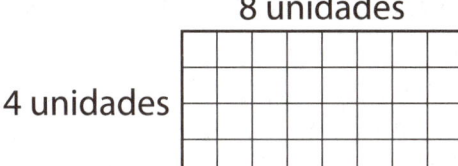

Este es un rectángulo de ___ por ___ .

Área = _____ unidades cuadradas
Oración numérica:

___ × ___ = _____

2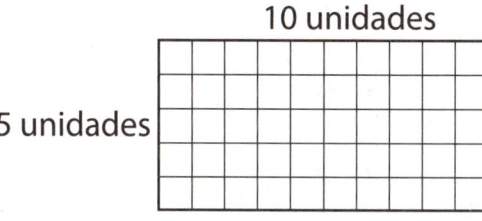

Este es un rectángulo de ___ por _____ .

Área = _____ unidades cuadradas
Oración numérica:

_____ × _____ = _____

3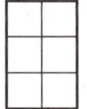

Este es un rectángulo de ___ por ___ .

Área = ___ unidades cuadradas
Oración numérica:

___ × ___ = ___

4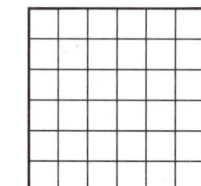

Este es un rectángulo de ___ por ___ .

Área = _____ unidades cuadradas
Oración numérica:

___ × ___ = _____

5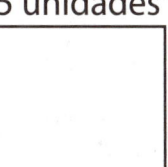

Este es un rectángulo de ___ por _____ .

Área = _____ unidades cuadradas
Oración numérica:

_____ × _____ = _____

6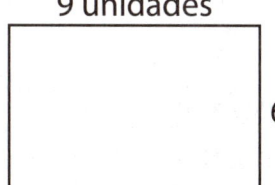

Este es un rectángulo de ___ por _____ .

Área = _____ unidades cuadradas
Oración numérica:

_____ × _____ = _____

ciento veinticinco   125

Cajas matemáticas: Avance de la Unidad 5

Lección 4-9
FECHA   HORA

1) Divide la siguiente figura en cuatro partes iguales.

Colorea una parte.

¿Qué fracción de la figura está coloreada? _____

2) Usa la matriz para mostrar cómo puedes usar 5 × 8 para ayudarte a calcular 4 × 8.

Operación de ayuda: 5 × 8 = 40

× × × × × × × ×
× × × × × × × ×
× × × × × × × ×
× × × × × × × ×
× × × × × × × ×

4 × 8 = _____

3)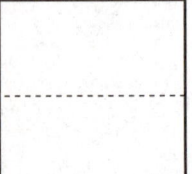

Selecciona todos los nombres que corresponden a una de las partes. Encierra en un círculo la(s) letra(s) que está(n) junto a la(s) respuesta(s) correcta(s).

A. 1 mitad
B. 1 cuarto
C. un cuarto
D. 1 de 2 partes iguales

4) Colorea las dos filas superiores con un color y las 2 filas inferiores con otro color.

Área de las 2 filas superiores:

_____ unidades cuadradas

Área de las 2 filas inferiores:

_____ unidades cuadradas

Área de todo el rectángulo:

_____ unidades cuadradas

5) Escritura/Razonamiento Explica cómo hallaste el área de todo el rectángulo en el Problema 4.

Área y perímetro

Lección 4-10

FECHA   HORA

Mensaje matemático

Usa el rectángulo para responder los Problemas 1 a 4. Puedes rotular las longitudes de lado.

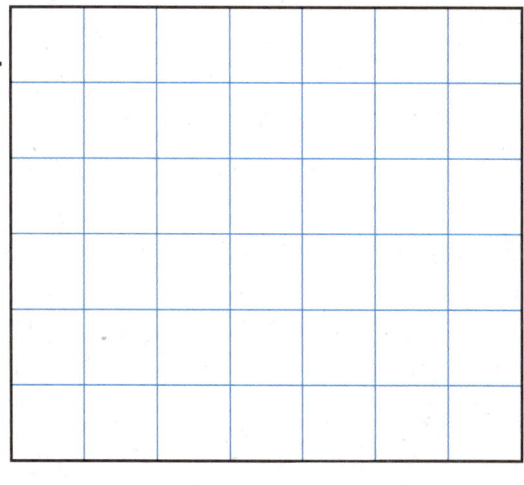

1. Área: _____
   (unidad)

2. Perímetro: _____
   (unidad)

3. Habla con un compañero o compañera sobre este rectángulo. Haz una lista con todas las maneras de hallar el área.

   _____
   _____
   _____
   _____

4. Haz una lista con todas las maneras de hallar el perímetro.

   _____
   _____
   _____
   _____

ciento veintisiete 127

Cajas matemáticas

Lección 4-10
FECHA   HORA

1 Escribe dos nombres diferentes para este cuadrilátero.

_____

Escribe dos atributos que describan la figura.

_____

_____

LCE 216-217

2 Tacha las 3 representaciones que NO pertenecen al conjunto.
Luego, escribe el nombre de la caja en la pestaña.

5 × 10   25 + 25

380 − 235   1,000 − 950

50 + 0   20 + 40

la mitad de 100   5 decenas

10 + 10 + 10 + 10

LCE 96-97

3 Halla el perímetro. Rellena el óvalo que está junto a la respuesta correcta.

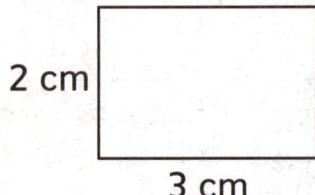

◯ 5 cm
◯ 6 cm
◯ 10 cm
◯ 12 cm

LCE 174-175

4 Completa los espacios en blanco.

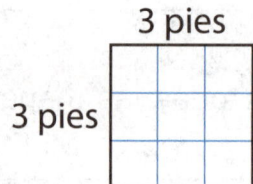

Este es un rectángulo de 3 por 3.

Área = _____
                    (unidad)

LCE 176-178

5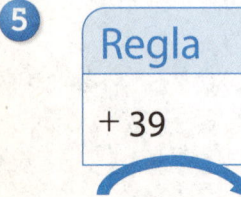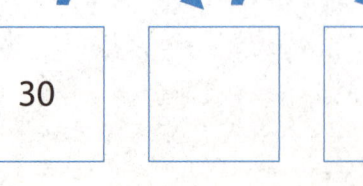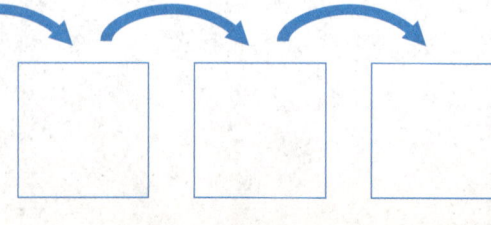

LCE 72-73

128 ciento veintiocho

Dibujar corrales para perros

Lección 4-11
FECHA   HORA

Brandi dibujó sus 2 corrales para perros. Midió la longitud total de cada vallado en pies. En sus dibujos, cada cuadrado representa 1 pie cuadrado.

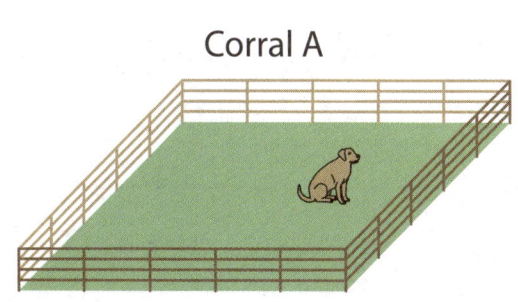
Corral A

Corral B

Corral A

Corral B

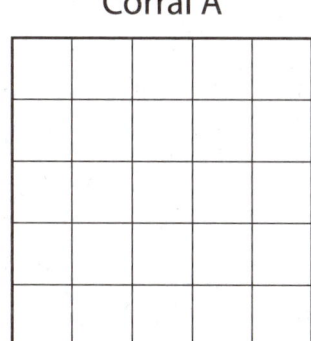

|→|
1 pie   1 pie cuadrado

1 Calcula el perímetro y el área de cada corral.
Anota las medidas con las unidades apropiadas.

Corral A

Perímetro = _____ pies

Área = _____ pies cuadrados

Corral B

Perímetro = _____
(unidad)

Área = _____
(unidad)

2 ¿Qué forma tienen los corrales? _____

ciento veintinueve   129

Cajas matemáticas

Lección 4-11
FECHA   HORA

① Dibuja un cuadrilátero que no sea un rombo ni un cuadrado.

Otro nombre para esta figura es

_____.

② Redondea a la centena más cercana y haz una estimación. Muestra tu trabajo.

Unidad

Estimación:

_____

```
   9 1 7
 − 2 8 3
```

Piensa: ¿Tiene sentido mi respuesta?

③ Haz un dibujo para mostrar 25 ÷ 5.

25 ÷ 5 = _____

④ Mide y rotula los lados de este cuadrilátero al centímetro más cercano.

Perímetro: _____
(unidad)

⑤ **Escritura/Razonamiento** Escribe una historia de números que corresponda a la oración numérica del Problema 3. Incluye la respuesta.

130   ciento treinta

Hallar las áreas de corrales

Lección 4-12

FECHA   HORA

Descompón cada corral en rectángulos. Escribe modelos numéricos para los rectángulos y para el área de los corrales.

① Monos

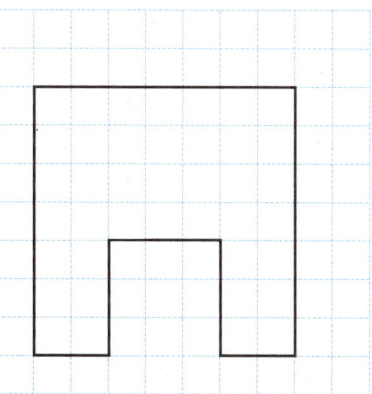

_____
(Modelos numéricos para los rectángulos)

_____
(Modelos numéricos para el área del corral)

Área: _____ yardas cuadradas

② Koalas

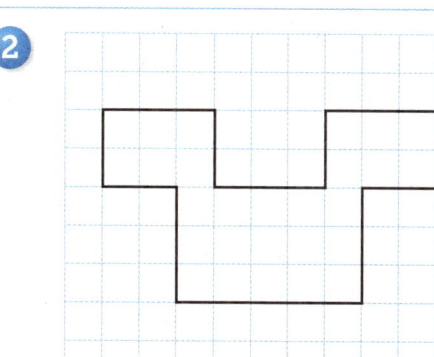

_____
(Modelos numéricos para los rectángulos)

_____
(Modelos numéricos para el área del corral)

Área: _____ yardas cuadradas

③ Perritos de pradera

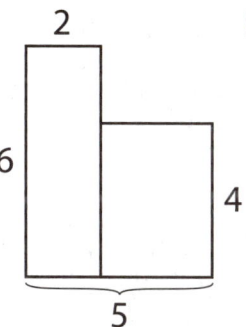

_____
(Modelos numéricos para los rectángulos)

_____
(Modelos numéricos para el área del corral)

Área: _____ yardas cuadradas

④ Tortugas gigantes

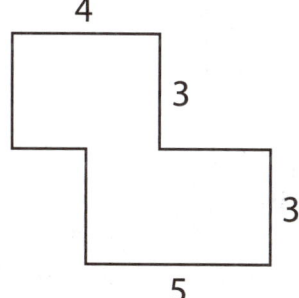

_____
(Modelos numéricos para los rectángulos)

_____
(Modelos numéricos para el área del corral)

Área: _____ yardas cuadradas

ciento treinta y uno 131

Cajas matemáticas

Lección 4-12
FECHA   HORA

① ¿Qué figuras son cuadriláteros? Rellena todas las respuestas correctas.

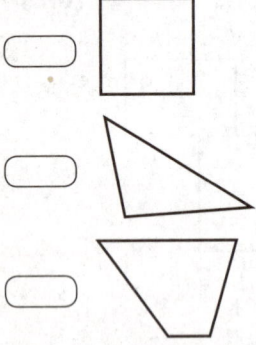

② Escribe al menos 5 representaciones equivalentes en la caja de coleccionar nombres.

③ Halla el perímetro de este cuadrado.

4 cm

Perímetro: _____
(unidad)

④ Completa los espacios en blanco.

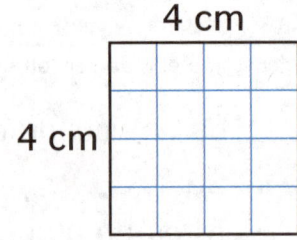

Este es un rectángulo de ____ por ____ .

Área = _____
(unidad)

Oración numérica de multiplicación:
_____

⑤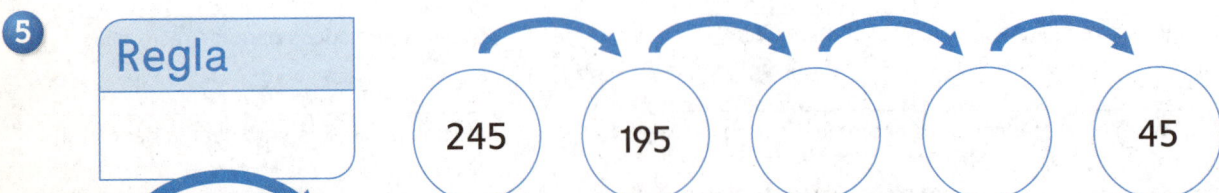

Regla

245 → 195 → ◯ → ◯ → 45

132 ciento treinta y dos

Cajas matemáticas: Avance de la Unidad 5

Lección 4-13

FECHA   HORA

① Divide la siguiente figura en tres partes iguales.

Colorea dos partes.

¿Qué fracción de la figura está coloreada?

_____

LCE 132-133

② Muestra cómo puedes usar 5×9 para ayudarte a calcular 6×9.

× × × × × × × × ×
× × × × × × × × ×
× × × × × × × × ×
× × × × × × × × ×
× × × × × × × × ×

Operación de ayuda: $5 \times 9 = 45$

$6 \times 9 =$ _____

LCE 47

③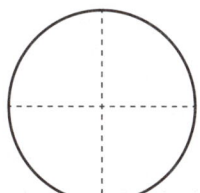

El círculo es el entero. ¿Qué nombres describen las 4 partes del entero?

Rellena el círculo que está junto a la(s) respuesta(s) correcta(s).

○ **A.** 1 cuarto
○ **B.** 4 de 4 partes iguales
○ **C.** 4 cuartos
○ **D.** 2 de 4 partes iguales

LCE 132-133

④ Sombrea con azul el rectángulo de 3 por 2. Sombrea con verde el rectángulo de 3 por 5.

El área del rectángulo azul

mide _____ unidades cuadradas.

El área del rectángulo verde

mide _____ unidades cuadradas.

El área del rectángulo de 3 por 7

mide _____ unidades cuadradas.

LCE 178-179

⑤ **Escritura/Razonamiento** Explica cómo usaste la operación de ayuda 5×9 para resolver 6×9 en el Problema 2.

LCE 44, 47

ciento treinta y tres   133

Mi registro de estrategias para las operaciones de multiplicación 1

FECHA	HORA

Estrategias para operaciones con 2, 5 y 10

Ejemplo:

Puedo contar salteado de 2 en 2 para calcular 7 × 2.

2, 4, 6, 8, 10, 12, 14

por lo tanto 2 × 7 = 14

Mis ejemplos:

ciento treinta y cinco 135

Mi registro de estrategias para las operaciones de multiplicación 2

| FECHA | HORA |

Estrategias para operaciones con 0 y 1

Ejemplo:

Puedo pensar en grupos iguales que me ayuden a resolver 0 × 5.

0 grupos de 5 significa que no hay grupos, es decir, 0.

Puedo dibujar una matriz para mostrar 1 × 5:

● ● ● ● ●

1 grupo de 5 es simplemente 5.

Mis ejemplos:

Mi registro de estrategias para las operaciones de multiplicación 3

FECHA   HORA

Estrategias para cuadrados

Ejemplo:

Puedo dibujar una matriz cuadrada de 4 × 4 y contar salteado de 4 en 4 para resolver 4 × 4.

4, 8, 12, 16

por lo tanto 4 × 4 = 16

Dibujo:

× × × ×
× × × ×
× × × ×
× × × ×

Mis ejemplos:

Mi registro de estrategias para las operaciones de multiplicación 4

FECHA   HORA

Estrategia: regla del orden inverso

Ejemplo: 5 × 8 = ?

Sé que 5 × 8 significa 5 grupos de 8, pero es más fácil pensar en 8 grupos de 5 porque puedo contar salteado las filas de 5 en 5. Entonces, invierto la operación y resuelvo 8 × 5 = ?.

8 × 5 = 40, por lo tanto 5 × 8 = 40.

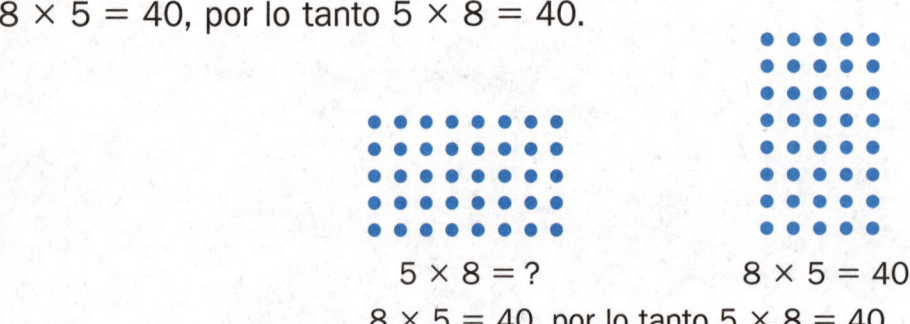

5 × 8 = ?   8 × 5 = 40

8 × 5 = 40, por lo tanto 5 × 8 = 40.

Mis ejemplos:

Mi registro de estrategias para las operaciones de multiplicación 5

FECHA	HORA

Estrategia: sumar un grupo

Ejemplo: 3 × 8 = ?

Dibujo:

Operación de ayuda: 2 × 8 = 16

Empiezo con 2 grupos de 8.

```
x x x x x x x x
x x x x x x x x
o o o o o o o o
```

Agrego un grupo de 8 para hallar 3 grupos de 8.

16 + 8 = 24, por lo tanto 3 × 8 = 24.

Mis ejemplos:

Dibujo:

Operación: _____ × _____ = _____

Operación de ayuda:

_____ × _____ = _____

Dibujo:

Operación: _____ × _____ = _____

Operación de ayuda:

_____ × _____ = _____

ciento treinta y nueve 139

Mi registro de estrategias para las operaciones de multiplicación 6

FECHA	HORA

Estrategia: restar un grupo

Ejemplo: 9 × 6 = ?   **Dibujo:**

Operación de ayuda: 10 × 6 = 60

Empiezo con 10 grupos de 6.

Resto un grupo de 6 para hallar
9 grupos de 6.

60 − 6 = 54, por lo tanto 9 × 6 = 54.

```
x x x x x x
x x x x x x
x x x x x x
x x x x x x
x x x x x x
x x x x x x
x x x x x x
x x x x x x
x x x x x x
x x x x x x
```

My examples: **Dibujo:**

Operación: _____ × _____ = _____

Operación de ayuda:

_____ × _____ = _____

Dibujo:

Operación: _____ × _____ = _____

Operación de ayuda:

_____ × _____ = _____

Mi inventario de operaciones de multiplicación, parte 1

FECHA　　　HORA

Operación de multiplicación	La sé	No la sé	Cómo puedo calcularla
2 × 2			
10 × 5			
3 × 2			
2 × 7			
5 × 5			
9 × 2			
3 × 10			
2 × 5			
2 × 8			
5 × 4			
6 × 2			
3 × 5			
10 × 2			
2 × 4			
10 × 10			

ciento cuarenta y uno

Mi inventario de operaciones de multiplicación, parte 2

FECHA   HORA

Operación de multiplicación	La sé	No la sé	Cómo puedo calcularla
5 × 6			
10 × 9			
1 × 0			
9 × 5			
10 × 4			
1 × 1			
2 × 1			
8 × 10			
7 × 5			
0 × 2			
5 × 8			
10 × 6			
5 × 1			
0 × 4			
7 × 10			

Notas

Notas

Triángulos de operaciones de ×, ÷ 1: 2, 5 y 10

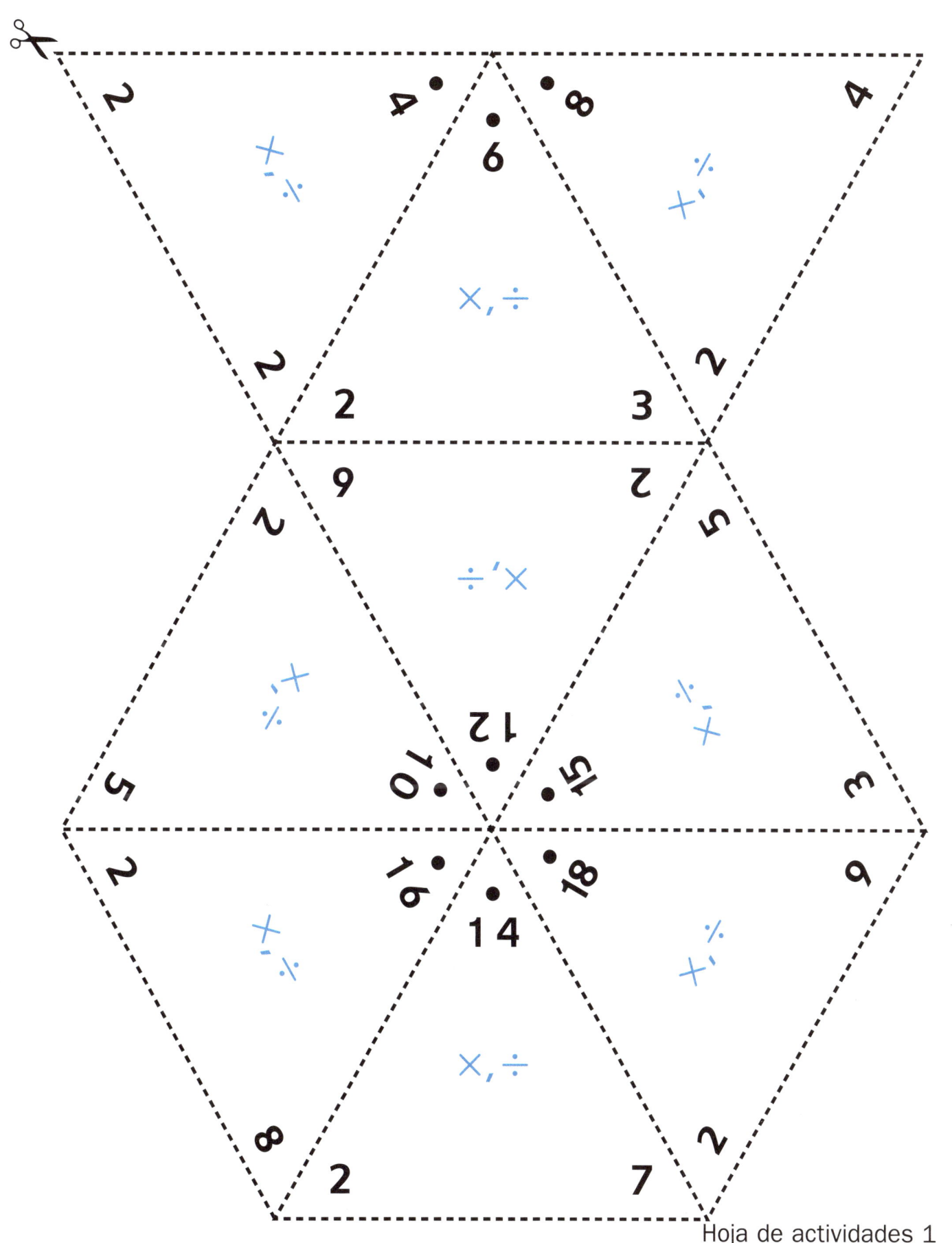

Hoja de actividades 1

Triángulos de operaciones de ×, ÷ 2: 2, 5 y 10

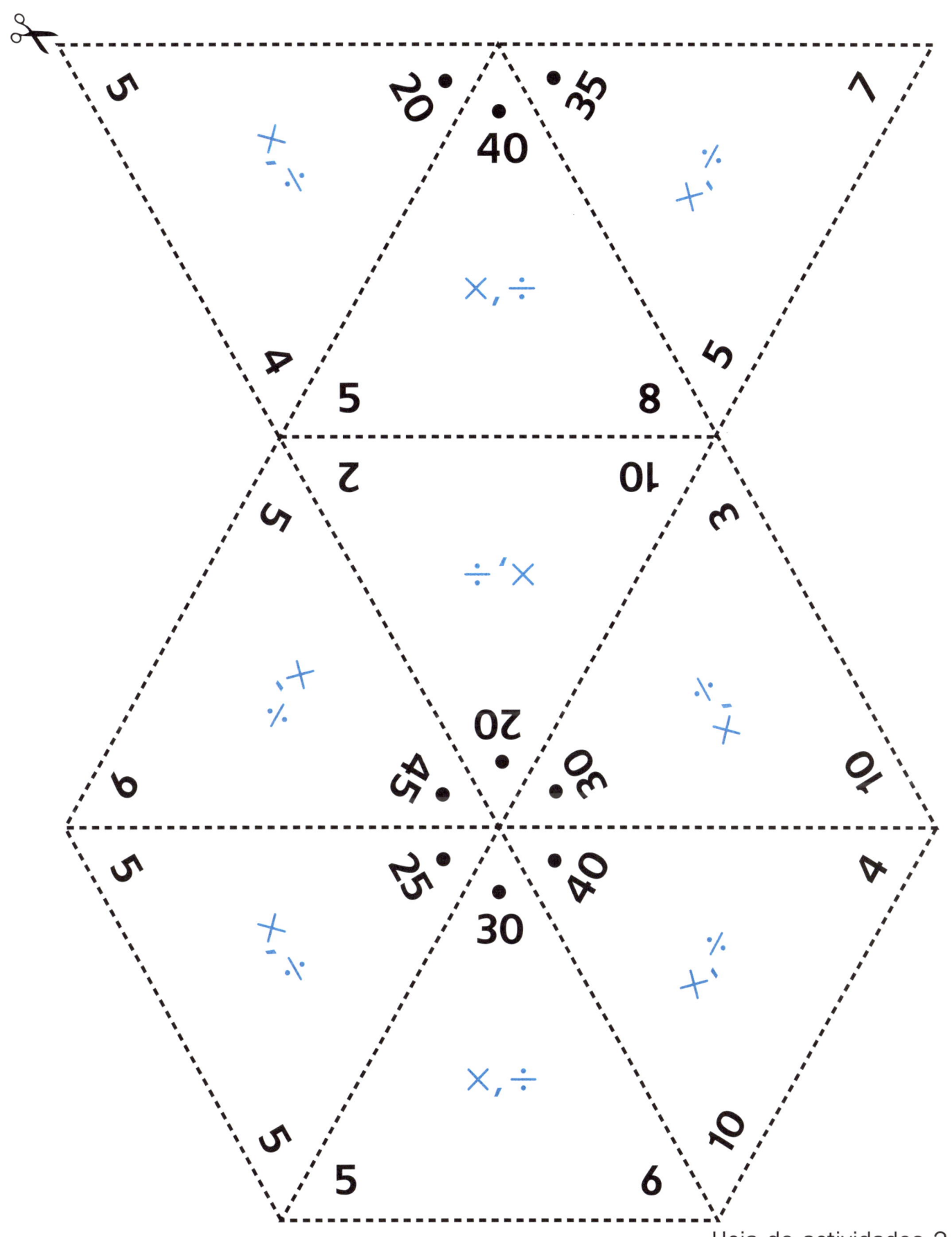

Hoja de actividades 2

Triángulos de operaciones de ×, ÷ 3: 2, 5 y 10

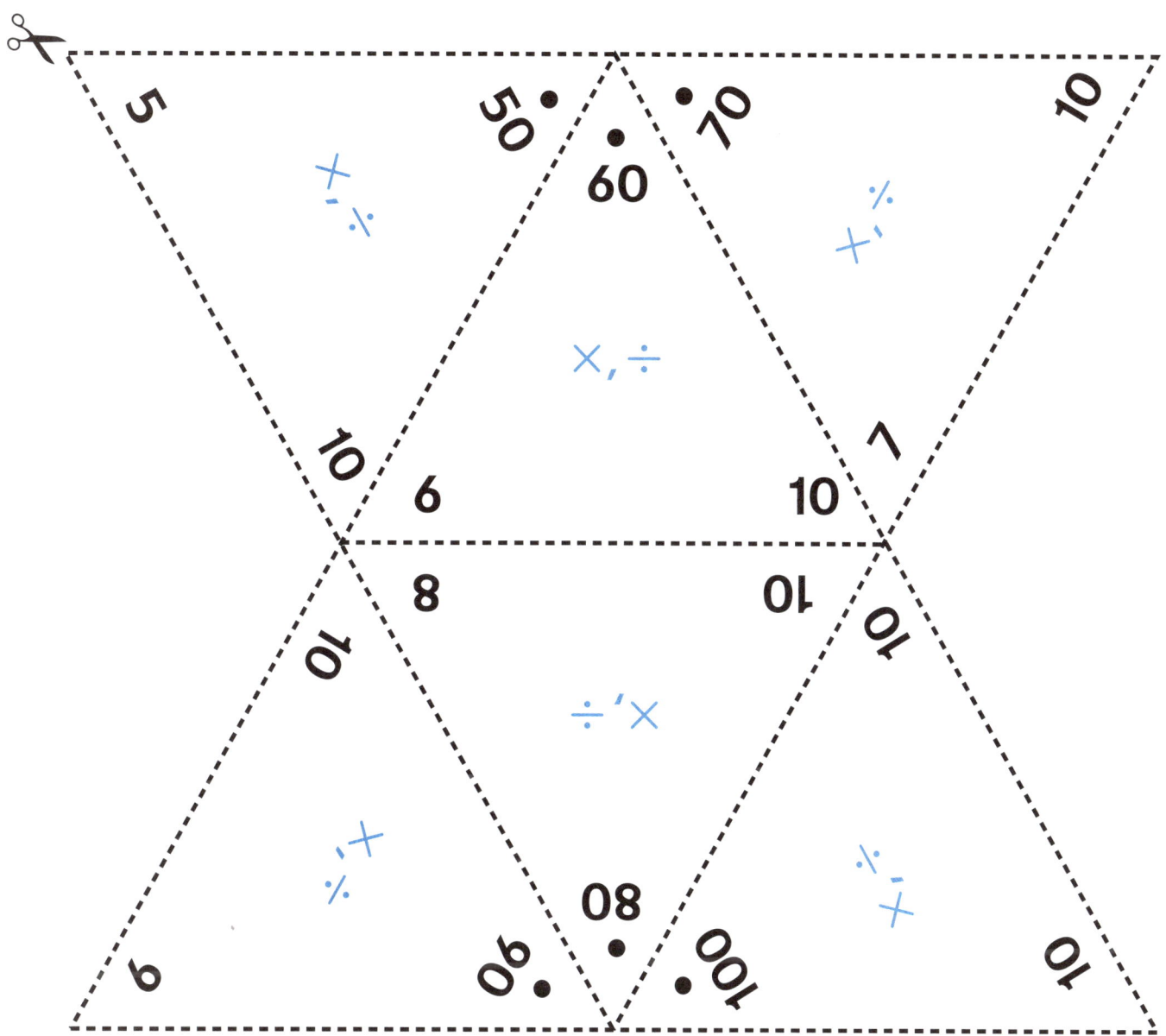

Hoja de actividades 3

Triángulos de operaciones de +, −

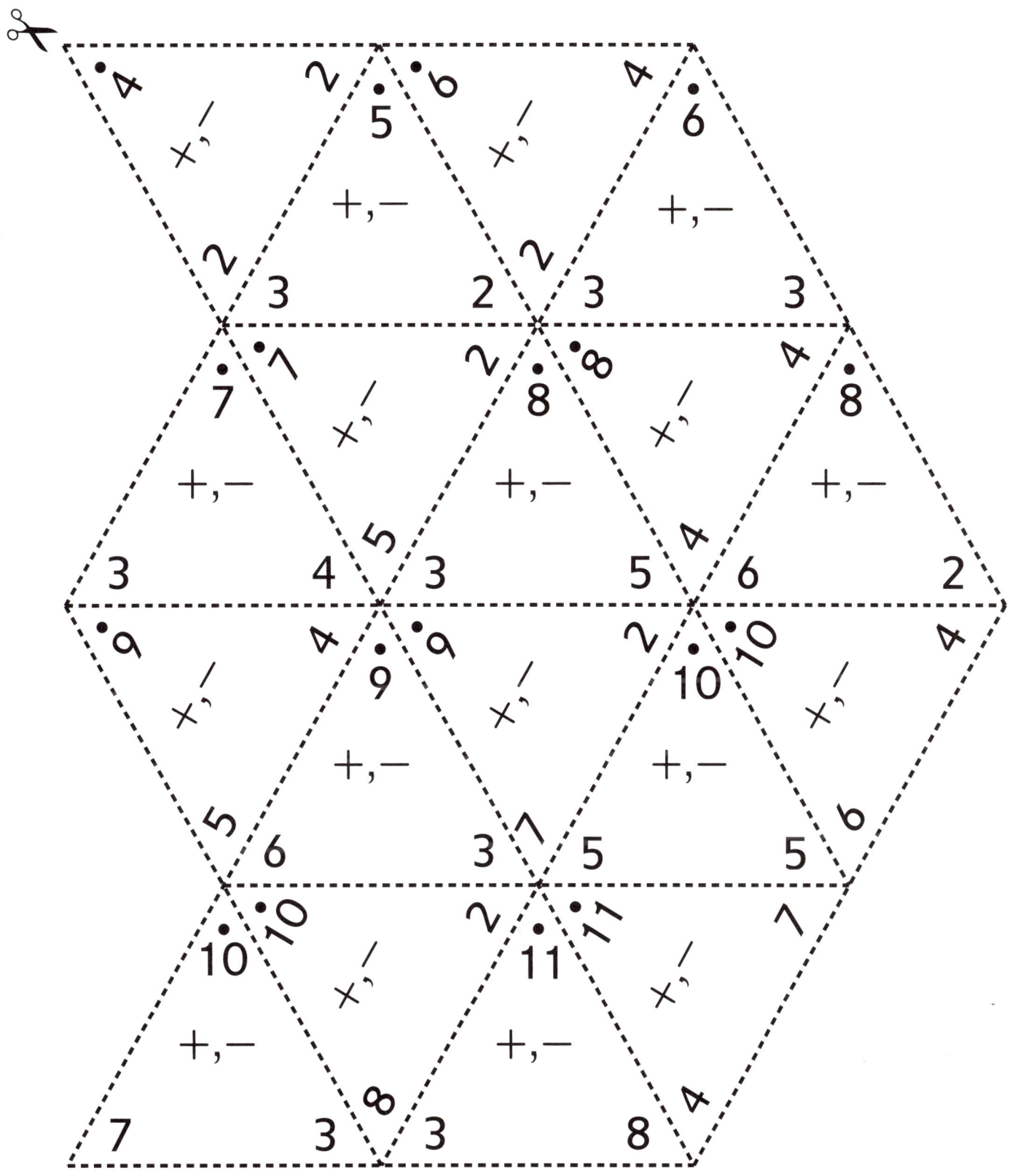

Hoja de actividades 4

Triángulos de operaciones de +, −

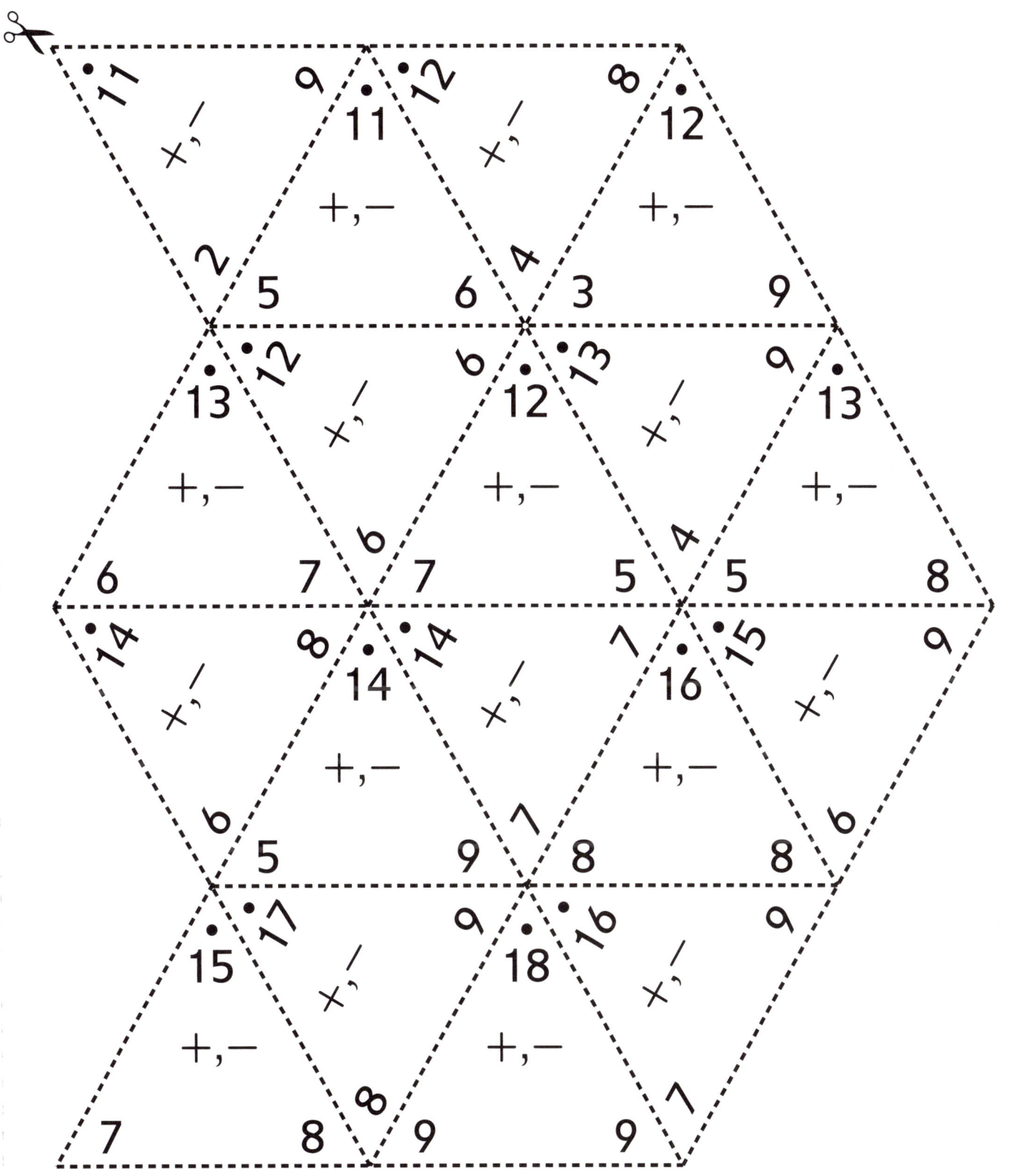

Hoja de actividades 5

Círculos de fracciones

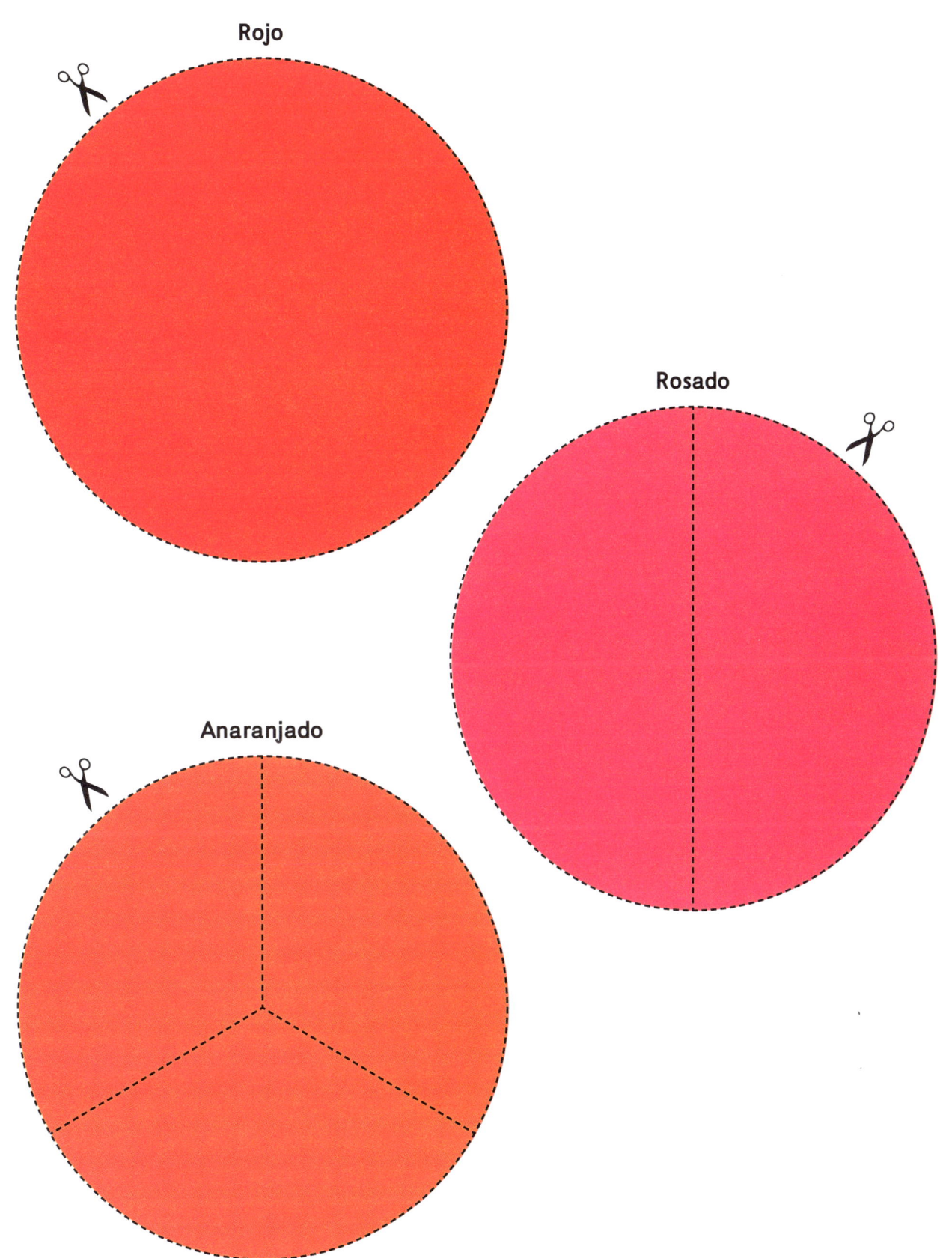

Hoja de actividades 6

Círculos de fracciones

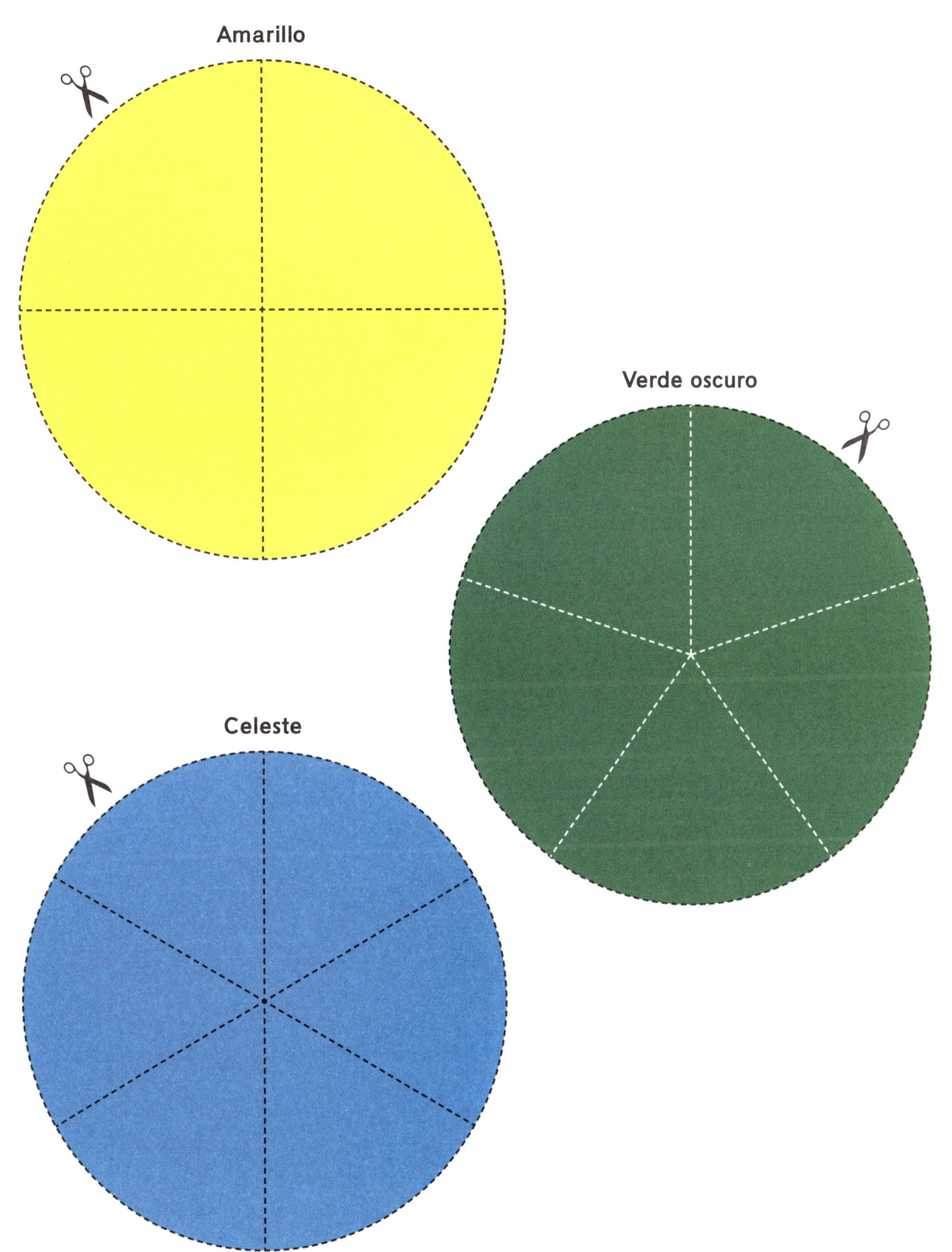

Hoja de actividades 7

Círculos de fracciones

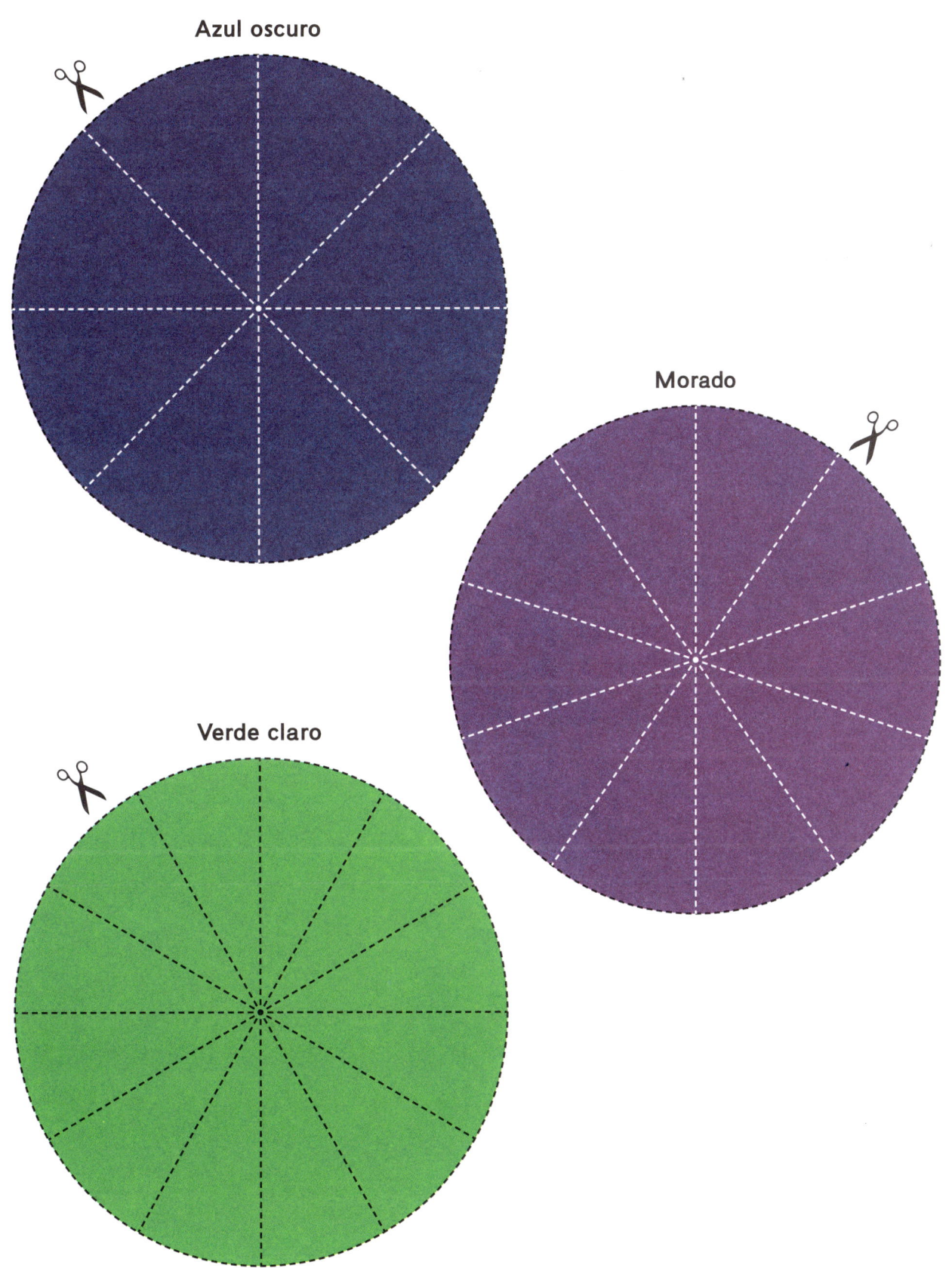

Hoja de actividades 8

Triángulos de operaciones de ×, ÷: Multiplicación al cuadrado

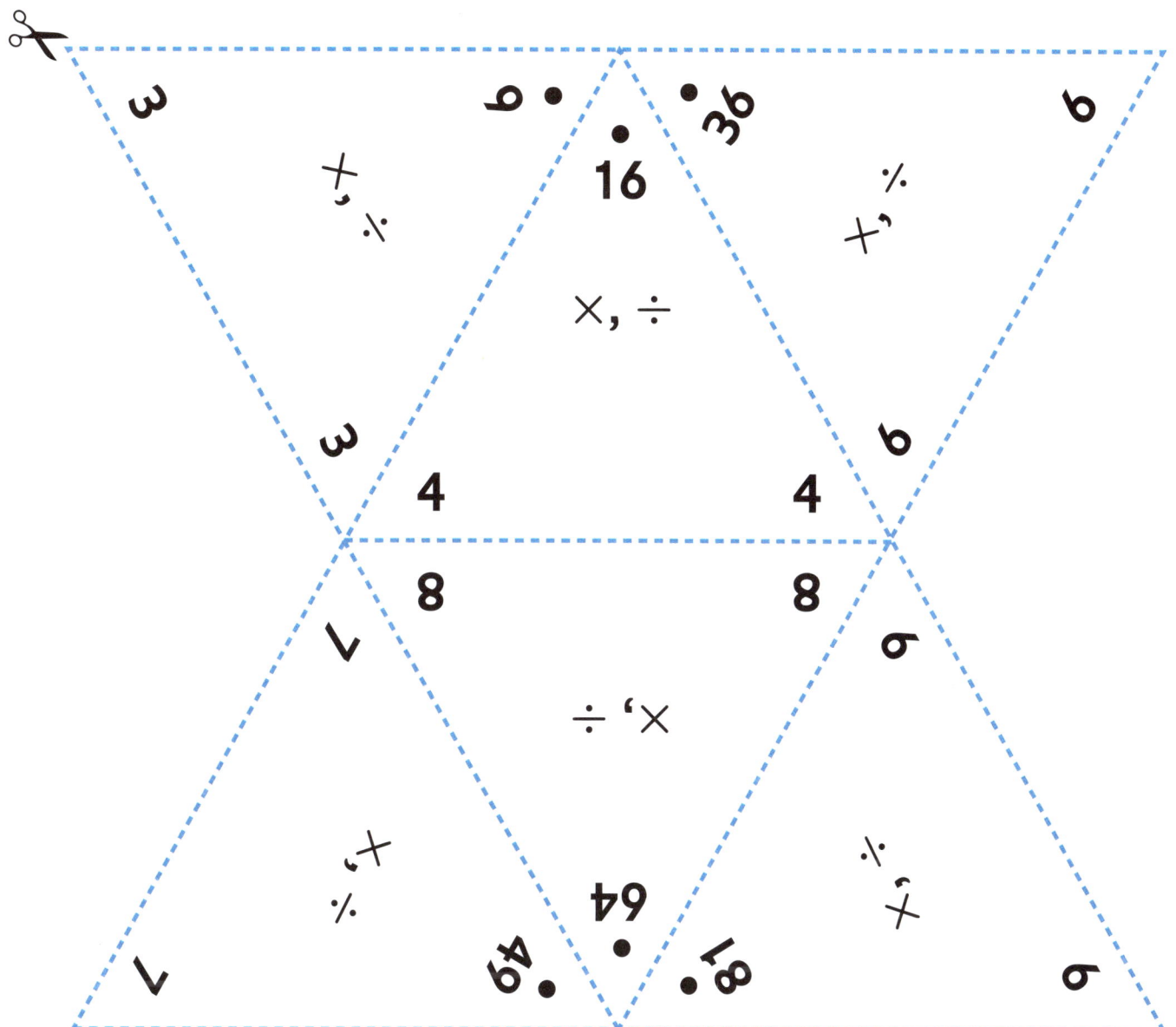

Hoja de actividades 9

Triángulos de operaciones de ×, ÷: 3 y 9

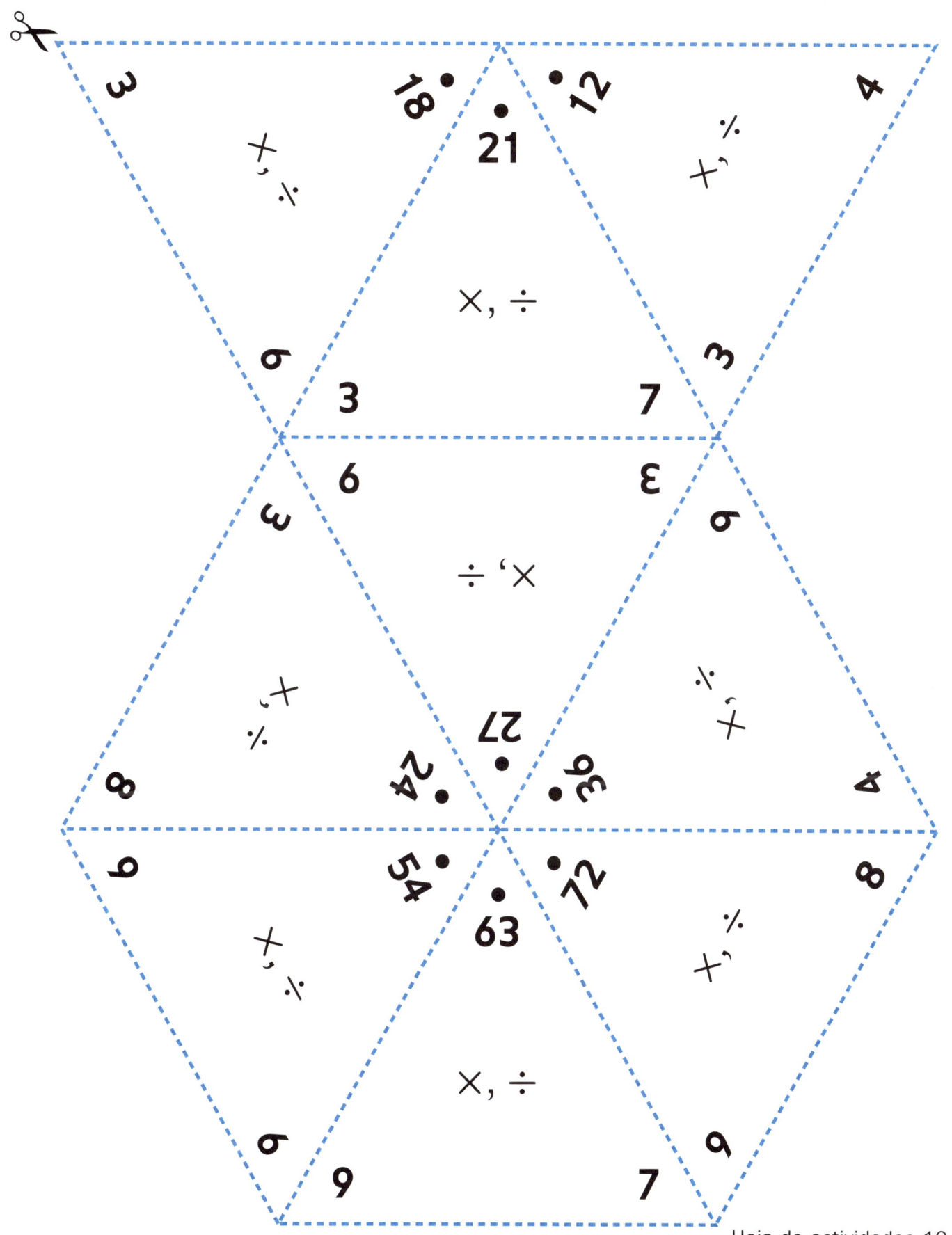

Hoja de actividades 10

Recortes de cuadriláteros 1

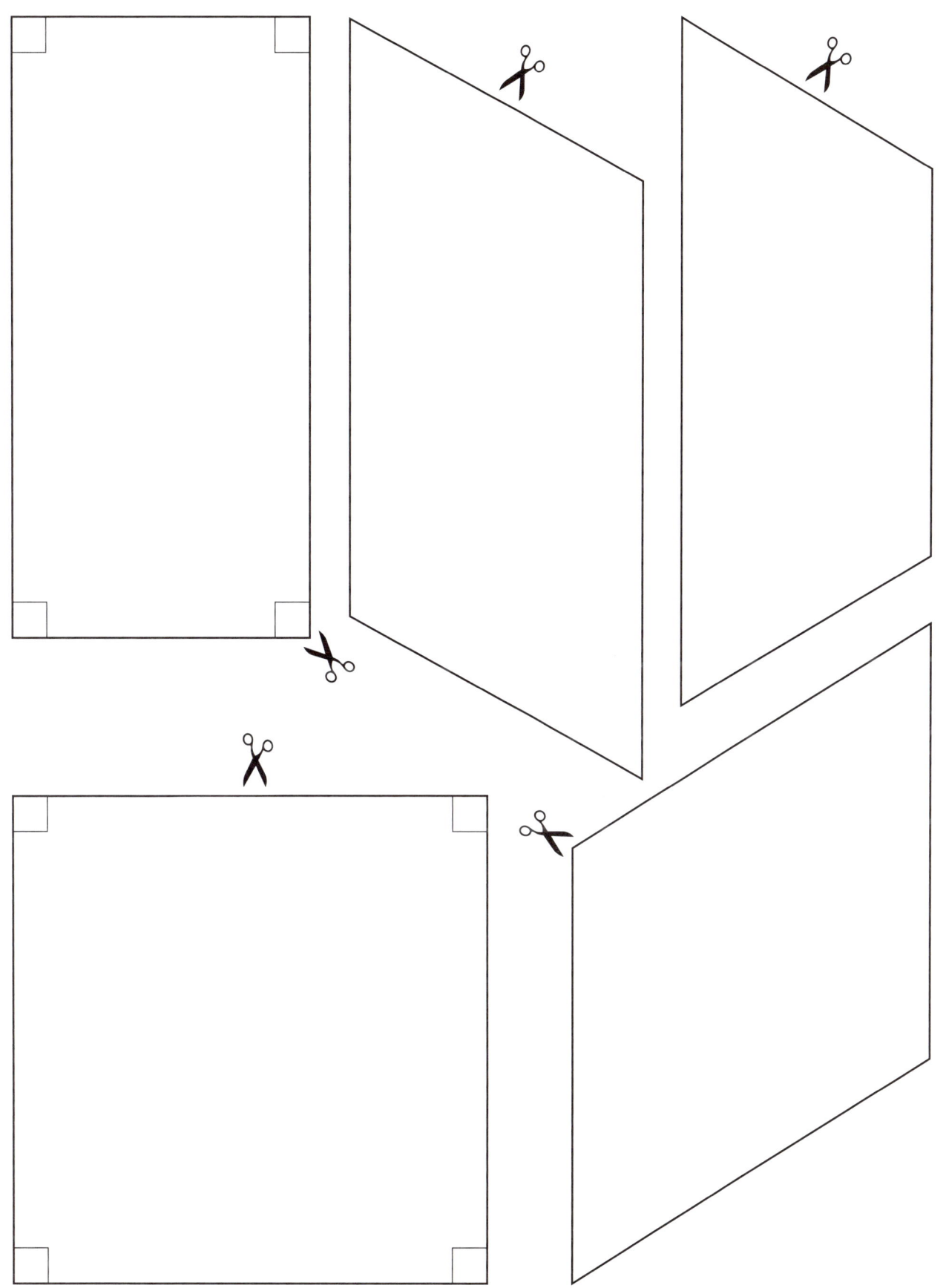

Hoja de actividades 11

Recortes de cuadriláteros 2

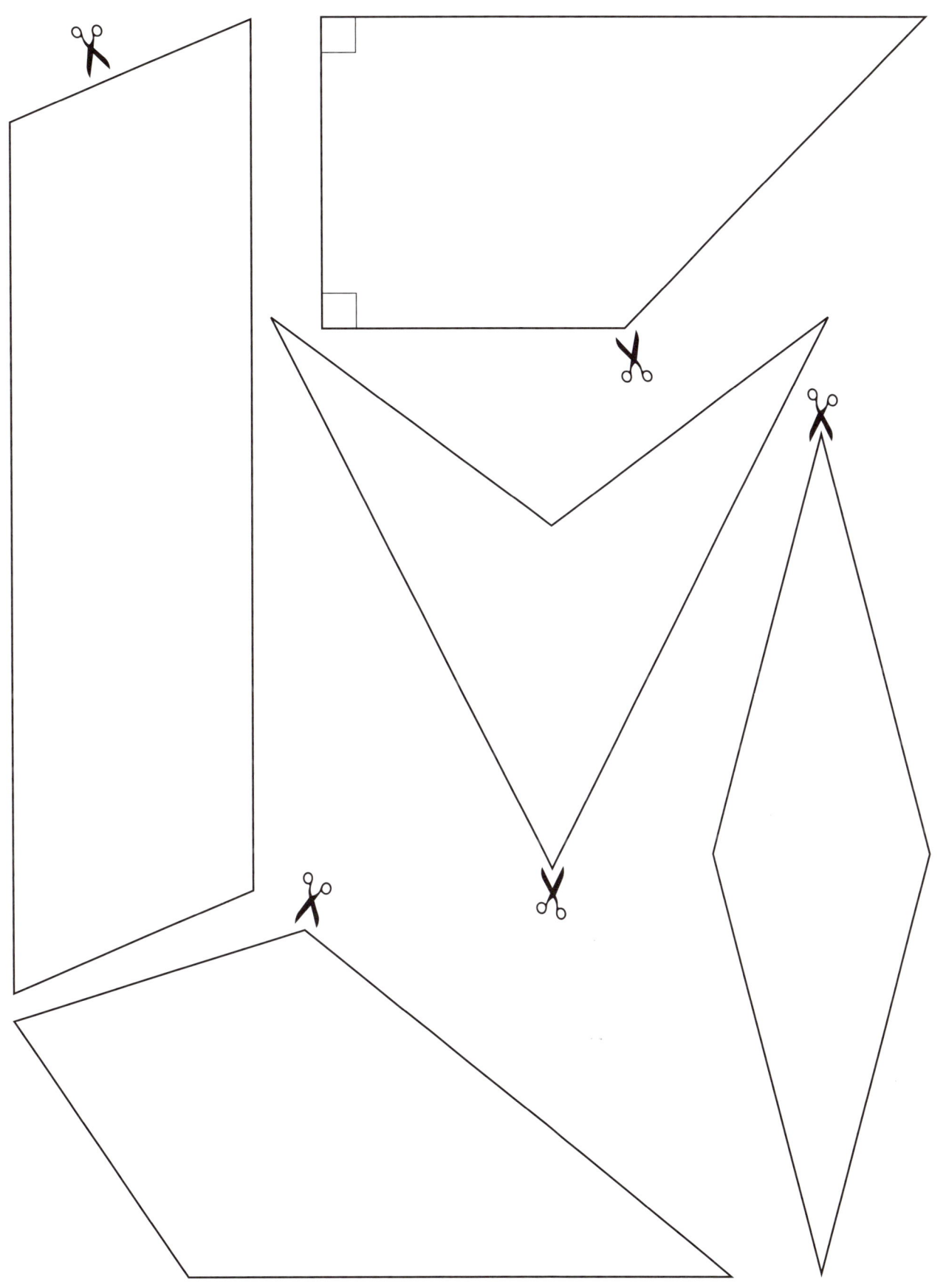

Hoja de actividades 12

Mazo de acción de *El juego de áreas y perímetros*

A Halla el área del rectángulo	**A** Halla el área del rectángulo.	**A** Halla el área del rectángulo.	**A** Halla el área del rectángulo.
P Halla el perímetro del rectángulo.	**P** Halla el perímetro del rectángulo.	**P** Halla el perímetro del rectángulo.	**P** Halla el perímetro del rectángulo.
A o P Escoge al compañero	**A o P** Escoge al compañero	**A o P** Escoge al compañero	**A o P** Escoge al compañero
A o P Escoge al jugador	**A o P** Escoge al jugador	**A o P** Escoge al jugador	**A o P** Escoge al jugador

Hoja de actividades 13

Mazo A de *El juego de áreas y perímetros*

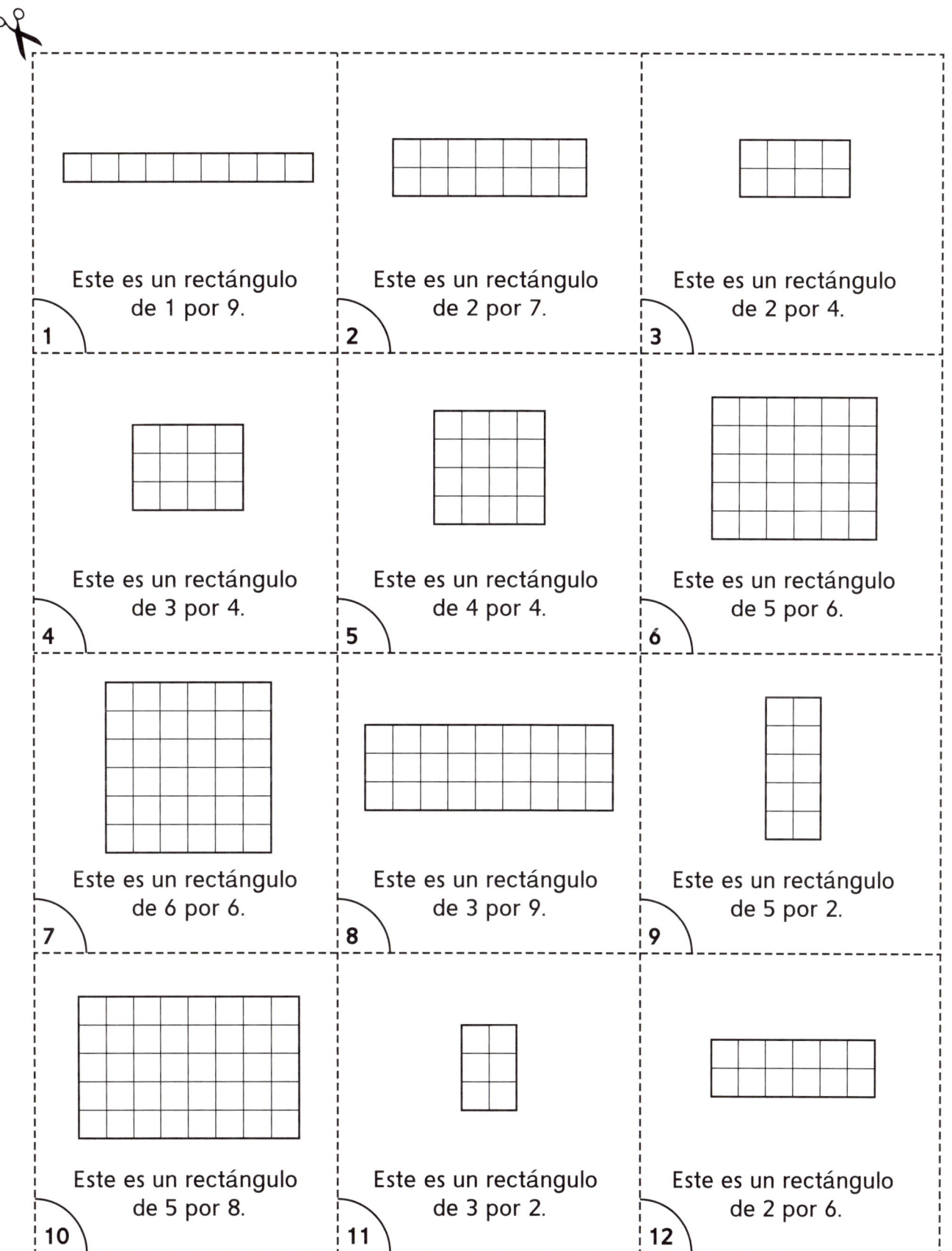

Hoja de actividades 14

Mazo B de *El juego de áreas y perímetros*

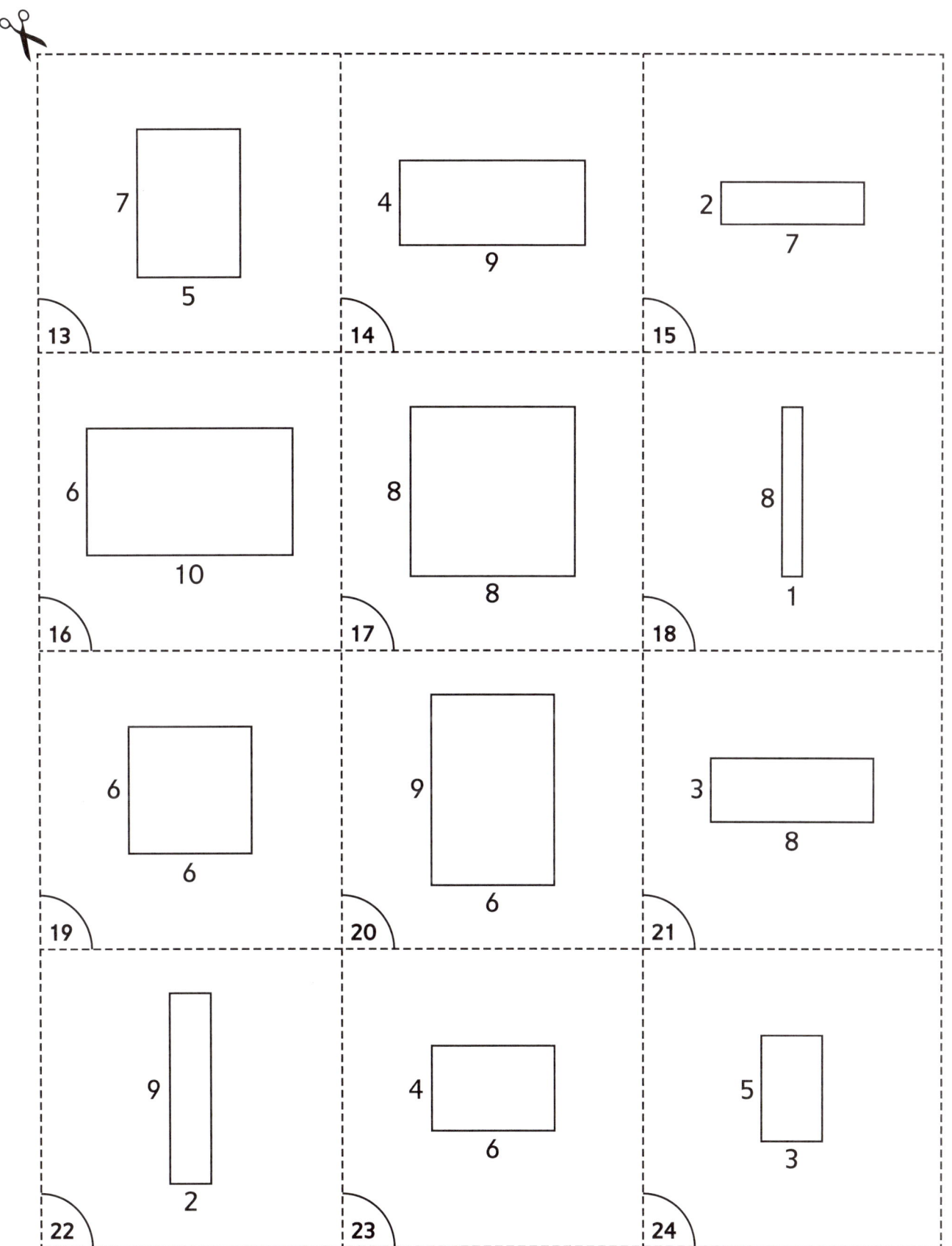

Hoja de actividades 15